SAMMLUNG GÖSCHEN BAND 882

Geschichte der Mathematik

Von

Dr. Joseph Ehrenfried Hofmann

Honorarprofessor an der Universität Tübingen

Dritter Teil

Von den Auseinandersetzungen um den Calculus bis zur Französischen Revolution

Walter de Gruyter & Co.

vormals G. J. Göschen'sche Verlagshandlung · J. Guttentag, Verlagsbuchhandlung · Georg Reimer · Karl J. Trübner · Veit & Comp.

BERLIN 1957

Die Gesamtdarstellung umfaßt folgende Bände:

I: Von den Anfängen bis zum Auftreten von Fermat und Descartes
(Band 226)

II: Von Fermat und Descartes bis zur Erfindung des Calculus und bis zum Ausbau der neuen Methoden
(Band 875)

III: Von den Auseinandersetzungen um den Calculus bis zur Französischen Revolution
(Band 882)

 — Archiv-Nr. 11 08 82. — Satz u. Druck: Mercedes-Druck, Berlin SW 61. — Printed in Germany

Inhaltsverzeichnis

VII. Abschnitt

Spätbarock (etwa 1665 bis 1730)

(Zweiter Teil)

Ce que nous connaissons est peu de chose,
ce que nous ignorons est immense.

Laplace auf dem Sterbebett.

4. Auseinandersetzungen um den Calculus (1695 bis etwa 1730)

Anfangs stoßen die LEIBNIZschen Methoden fast durchwegs auf Unverständnis. Später werden sie aus mancherlei Motiven heraus mit zunehmender Heftigkeit bekämpft. Schließlich stehen sie im Mittelpunkt der bitteren Auseinandersetzung mit NEWTON (Prioritätstreit), dessen Anhänger behaupten, LEIBNIZ sei von NEWTON abhängig. Für LEIBNIZ tritt vor allem der streitbare JOH. BERNOULLI ein, der freilich nicht immer mit blanken Waffen kämpft und sich vor allem in der Auseinandersetzung mit JAK. BERNOULLI um die Behandlung des isoperimetrischen Problems zweifelhafter Mittel bedient.

TSCHIRNHAUS lehnt den noch im Werden begriffenen Calculus ab, weil ihm das Symbolverständnis fehlt, HUYGENS, weil er nicht mehr umzulernen vermag. Die Einwände LEIBNIZ' gegen das von DESCARTES unzweckmäßig eingeführte Kraftmaß (*Acta eruditorum* = *AE* III 1686) führen zu endlosen Auseinandersetzungen mit CATELAN, MALEBRANCHE und PAPIN. Schon bei dieser Gelegenheit versucht LEIBNIZ (*Nouv. rép. lett.* V 1687), vermittels einer Stetigkeitsbetrachtung zum Begriff des Grenzwertes vorzudringen. Später stellt CATELAN (1691) die LEIBNIZsche Tangentenmethode, die er nur halb verstanden hatte und auch nicht richtig anzuwenden wußte, als Weiterbildung der DESCARTESschen hin. Er wird im Sachlichen von L'HOSPITAL widerlegt, ohne seinen Irrtum einzusehen (Auseinandersetzung: *Journal des sçavans* = *JS* 1692). Der niederländische Arzt NIEUWENTIJT spricht (1694/96) von ungerechtfertigten Vernachlässigungen bei Verwendung infinitesimaler Methoden. LEIBNIZ entgegnet (*AE* VII 1695), sein Verfahren diene nur der gedanklichen Verkürzung; alles lasse sich ausnahmslos durch die indirekte ARCHIMEDische Methode erweisen, die freilich umständlich sei. Eine eingehende und von den Kennern des neuen Kalküls beifällig aufgenommene Widerlegung weiterer Einwände NIEUWENTIJTs stammt von JAK. HERMANN (1701), dem treuen Schüler JAK. BERNOULLIS, der dessen dritte Reihendissertation (Basel 1696: Anwendung der Potenzreihen auf Quadraturen und Rektifikationen) verteidigt hatte.

Mit der Aufnahme von VARIGNON (1688) und L'HOSPITAL (1693) in die *Académie des sciences* (= *Ac. sc.*), deren Mitglieder großenteils dem Cartesianismus nahestehen, werden in Paris Fragen der höheren Mechanik und des Calculus zu vieldiskutierten Gegenständen. Erwähnt sei das von SAUVEUR stammende Zugbrückenproblem (Ort für das Laufgewicht, das eine über fester Rolle an einer Kette hängende Zugbrücke im Gleichgewicht hält): Lösungen geben L'HOSPITAL (mit Ergänzungen JOH. BERNOULLIS) und JAK. BERNOULLI (*AE* II 1695); ferner LEIBNIZ (*AE* IV 1695).

Das von JOH. BERNOULLI (*AE* VI 1696) stammende Brachystochronen-Problem (Bestimmung der Kurve kürzester Fallzeit im Schwerefeld zwischen zwei festen Punkten) wird Anlaß zu Untersuchungen über Variationsprobleme. Sie werden unter der zwar hinreichenden, jedoch nicht notwendigen Bedingung behandelt, daß die Extremeigenschaft der lösenden Kurve auch für jedes ihrer Teilstücke erhalten bleibt. In den *AE* V 1697 finden sich die Lösungen von LEIBNIZ (Extremwertbetrachtung), von JOH. BERNOULLI (Lichtweg im geschichteten Medium; die direkte Behandlung mit Kreisbögen zwischen Nachbarpunkten erscheint erst in der *Histoire et mémoires de l'Ac. sc. de Paris* = *HMP* 1718), JAK. BERNOULLI (Extremwertbetrachtung) und L'HOSPITAL (unrichtige Hilfsbetrachtung). TSCHIRNHAUS (dessen Lösung wahrscheinlich nicht eigenständig ist) und NEWTON teilen nur das Ergebnis mit. Durch L'HOSPITAL weiß man um unrichtige Lösungsversuche von SAUVEUR und LA HIRE.

Durch geometrisch verkleidete Aufgaben JOH. BERNOULLIS (*JS* 26. VIII. 1697) wird JAK. BERNOULLI (*AE* V 1698) zu Studien über Orthogonaltrajektorien und Kurvenscharen (z. B. Bestimmung des Ortes aller Punkte *P*, die auf Kurven einer affinen Schar durch *O* gleiche Bögen von *O* aus abgrenzen) angeregt. LEIBNIZ findet (Brief an JOH. BERNOULLI: 13. VIII. 1697, damals ungedruckt) die Differentiation eines Integrals nach einem Parameter. Weiterhin fordert JOH. BERNOULLI die Kennzeichnung der kürzesten Linien auf einer gegebenen konvexen Fläche durch zwei feste Punkte. JAK. BERNOULLI löst das Problem (*AE* V 1698) für Drehflächen und nimmt in Aufzeichnungen das Wesentliche des CLAIRAUTschen Satzes (*HMP* 1733) vorweg. JOH. BERNOULLI kennt (Brief an LEIBNIZ: 26. VIII. 1698) die kennzeichnende geometrische Eigenschaft der geodätischen Linien auf einer beliebigen konvexen Fläche (ausführliche Mitteilung an KLINGENSTIERNA 1728; Druck 1742).

JAK. BERNOULLI, der gedruckte abschätzige Äußerungen JOH. BERNOULLIS mit Recht auf sich bezieht, fordert von diesem im Anschluß an die Lösung des Brachystochronen-Problems die Behandlung der „isoperimetrischen" Aufgabe: $\int x^m dy$ durch Wahl eines passenden Kurvenstücks $y(x)$ gegebener Länge zu einem Maximum zu machen. JOH. BERNOULLI löst dieses Problem sogleich nach Erhalt durch hydrostatischen Vergleich und läßt seine Methode (*JS* 11. XII. 1697) durchblicken. Die direkte Behandlung unter Beschränkung auf Glieder zweiter Ordnung (Brief an LEIBNIZ vom 15. VII. 1698; Druck: *HMP* 1706) ist unrichtig und wird von JAK. BERNOULLI nur auf Grund der gemachten Andeutungen öffentlich als solche bezeichnet (*JS* 17. II. 1698). JAK. BERNOULLI teilt in einem offenen Brief des Frühsommers 1700 (math. Auszug: *AE* VI 1700) die volle richtige Lösung und in der Dissertation vom 1. III. 1701 (auch *AE* V 1701) seine Methode mit.

Inzwischen ist die *Ac. sc.* (1699) durch kgl. Dekret neu organisiert; Präsident ist der Oratorianer BIGNON, Vizepräsident L'HOSPITAL; LEIBNIZ, NEWTON und die Brüder BERNOULLI sind auswärtige Mitglieder. LEIBNIZ und L'HOSPITAL versuchen vergeblich zwischen den entzweiten Brüdern zu vermitteln. Niemand kann den Sachverhalt hinreichend überblicken, auch nicht der alternde LEIBNIZ, der auf Grund zu oberflächlicher Durchsicht JOH. BERNOULLIS Lösung für richtig hält. JOH. BERNOULLI wünscht anfangs die Verbindlichkeit seines Ansatzes durch ein aus LEIBNIZ, L'HOSPITAL und NEWTON bestehendes Kollegium bestätigt zu sehen und versucht vergeblich, Gegenerklärungen gegen JAK. BERNOULLI in den *AE* und im *JS* drucken zu lassen. Nach einiger Zeit bemerkt er seinen Irrtum. Eine öffentliche Blamage bleibt ihm nur durch den Tod JAK. BERNOULLIS erspart. Durch das Erscheinen der TAYLORschen *Methodus* (1715), worin JAK. BERNOULLIS Methode ohne Hinweis übernommen ist, und durch die Veröffentlichung einer einschlägigen Studie HERMANNS (*AE* I 1718) zur Stellungnahme gezwungen, gesteht JOH. BERNOULLI (*HMP* 1718 = *AE* I + II 1718) den Irrtum zu, macht sich jedoch mit billigem Spott über belanglose Mängel der JAK. BERNOULLIschen Darstellung lustig und erzielt vermittels geometrischer Hilfsbetrachtungen wesentliche Vereinfachungen (Ansatzpunkt für EULER).

Im Zusammenhang mit der unrichtigen Behauptung TSCHIRNHAUS' (*AE* XI 1695), man könne jedem Bogen einer Parabel durch Konstruktion mit Zirkel und Lineal andere Bögen zuordnen, die zum ursprünglichen in rationalem Verhältnis stehen, entwickelt JOH. BERNOULLI (*AE* VI 1698) die zugehörigen algebraischen Transformationsgleichungen. Er bestimmt außerdem (*HMP* 1699 = *AE* VII 1699) rationale Flächenstücke an der gemeinen Zykloide; Gleiches leistet JAK. BERNOULLI (*AE* IX 1699). JOH. BERNOULLI bestätigt (*AE* VI 1700) des Bruders Ansatz und fordert von diesem die Darstellung von $\sin nt$ aus $\sin t$. Er selbst gibt (*AE* IV 1701) die ihm unbekannten Formeln VIÈTES (s. I, S. 123) und jene Beziehungen wieder, die durch Trennen des Reellen und Imaginären aus $(\cos t + i \cdot \sin t)^n$ folgen würden. In der *HMP* 1702 stellt JAK. BERNOULLI $\sin nt$ als Funktion von $\sin t$ (ohne Kenntnis des Vorgängers NEWTON) und $\cos nt$ als Funktion von $\cos t$ dar. Beide dehnen ihre Formeln ohne strenge Begründung auf unganze n aus. Auch HERMANN beschäftigt sich (*AE* VIII 1703) mit dem Winkelteilungsproblem.

Auf LEIBNIZ' Betreiben hin wird 1700 die Berliner Sozietät der Wissenschaften begründet. LEIBNIZ ist ihr Präsident, JABLONSKI ihr erster Sekretär. Gemäß LEIBNIZ' Vorschlag werden die Brüder BERNOULLI und HERMANN zu korrespondierenden Mitgliedern gewählt. JAK. BERNOULLI, der den Briefwechsel mit LEIBNIZ 1697 abgebrochen hatte, da er in diesem (zu Unrecht) einen Parteigänger JOH. BERNOULLIS in der isoperimetrischen Auseinandersetzung sah, überzeugt sich nunmehr von seinem Irrtum und bleibt von jetzt ab in engerer Verbindung mit LEIBNIZ.

Dieser hatte unbedachter Weise in den *AE* V 1697 geschrieben, außer den Brüdern BERNOULLI, L'HOSPITAL und NEWTON sei vermutlich unter den Lebenden nur noch HUDDE fähig, das ausschließlich den Kennern zugängliche Brachystochronen-Problem zu meistern. N. FATIO, der schon 1687 unabhängig von LEIBNIZ zu brauchbaren Infinitesimalmethoden vorgedrungen sein will, behandelt das Brachystochronen-Problem 1699 erfolgreich. Er beweist außerdem NEWTONS Verfahren aus den *Principia* (Buch II, *sect.* 7, *prop.* 34, *schol.*) zur Lösung des ältesten Variationsproblems, das die Bestimmung des mit fester Geschwindigkeit in Richtung der Achse in einer widerstehenden Flüssigkeit bewegten Drehkörpers kleinsten Widerstandes fordert. In seiner Schrift, deren Druck von der *Royal Society* (= *RS*) genehmigt ist, hebt er NEWTON erneut als den Erstentdecker der höheren Analysis hervor und bezeichnet LEIBNIZ als den zweiten, der womöglich von NEWTON abhängig sei. Das Verfahren FATIOS wird von L'HOSPITAL (*HMP* 1699 = *AE* VIII 1699) und von JOH. BERNOULLI (*AE* XI 1699 + V 1700) vereinfacht und auf die Lösung der Differentialgleichung $y \frac{dx}{ds} \cdot \left(\frac{dy}{ds}\right)^3 = a$ zurückgeführt.

LEIBNIZ erhebt als Mitglied der *RS* Einspruch gegen die Druckerlaubnis für FATIO; SLOANE, der Sekretär der *RS*, entschuldigt diesen unkorrekten Vorgang als unbeabsichtigte Lässigkeit. In würdigen Worten weist LEIBNIZ FATIOs Unterstellungen zurück (*AE* V 1700). Er äußert sich lobend über MOIVREs Behandlung infinitesimaler Probleme durch Ansatz in unbestimmten Koeffizienten (*Philosophical Transactions* = *PT* V 1698) und fügt einen neuen Ansatz von großer formaler Kraft in Ziffernpaaren und -tripeln (gemeint sind Indizes) bei. Hier wird der Grundgedanke der HINDENBURGschen kombinatorischen Analysis (Hauptwerk: 1796) vorweggenommen. Auch der Schotte CHEYNE, der mit CRAIG in Verbindung steht, bedient sich (1703) der unbestimmten Koeffizienten, jedoch ziemlich ungeschickt. Ihm tritt MOIVRE (1704) entgegen — der einzige NEWTON-Anhänger, der mit JOH. BERNOULLI in freundschaftlichem Verkehr steht. Die älteste Übersicht über die NEWTONsche Fluxionenlehre findet sich bei HARRIS (1702).

Auch in der Pariser *Ac. sc.* hat LEIBNIZ Gegner, die ihm den wachsenden wissenschaftlichen Einfluß nicht gönnen. Sie vermerken es übel, daß CARRÉ, ein Schüler VARIGNONs, über Integrationsprobleme unter Verwendung des Calculus schreibt (1700). Haupttreiber sind LA HIRE und der Abbé GALLOYS, der schon 1676 die Verleihung einer mathematischen Professur an LEIBNIZ in Paris verhindert hatte. Der tüchtige Algebraiker ROLLE, seit 1685 besoldetes Mitglied der *Ac. sc.*, läßt sich vorschieben. Die vorgebrachten Einwände (1702/05) beruhen auf groben Mißverständnissen und dem Unvermögen ROLLEs, sich in die neue Zeichensprache einzufinden. Sie werden von VARIGNON, der seit 1701 mit LEIBNIZ über diese Angelegenheit korrespondiert, und von SAURIN so überzeugend widerlegt, daß sich ROLLE 1707 als überwunden bekennt.

Im *JS* vom 3. VIII. 1702 und 15. II. 1703 rühmt SAURIN L'HOSPITAL wegen der Behandlung unbestimmter Ausdrücke in der *Analyse*. Ihm tritt JOH. BERNOULLI — taktloserweise wenige Monate nach dem Tod L'HOSPITALS — in den *AE* VIII 1704 mit der (erst nach Herausgabe der Briefe der Jahre 1693/94 bestätigten) Behauptung entgegen, Regel und Erläuterungsbeispiel stammten, wie viele andere Einzelstücke der *Analyse*, von ihm, nicht von L'HOSPITAL. JOH. BERNOULLI, dessen Glaubwürdigkeit durch den Streit mit JAK. BERNOULLI in Frage steht, verscherzt sich in Paris durch diese zur Unzeit erhobenen Ansprüche das Vertrauen der *Ac. sc.* In der *HMP* 1716, wo er die Regel für unbestimmte Ausdrücke zur Tangentenbestimmung in mehrfachen Kurvenpunkten verwendet, weist SAURIN JOH. BERNOULLIS Reklamationen spöttisch als ungerechtfertigt zurück.

In den *AE* V 1702 + I 1703 lehrt LEIBNIZ die Integration rationaler Funktionen unter Verwendung der Partialbrüche; der Grundgedanke, vielleicht angeregt durch GREGORYS Behandlung von $ln\ \frac{a+x}{a-x}$ (*Ex. geom.* 1668), stammt schon aus der Pariser Zeit. LEIBNIZ irrt, indem er die Zerlegbarkeit des Nenners in reelle Linear- und Quadratfaktoren leugnet und $\int dx : (a^4 + x^4)$ als eine Transzendente ansieht, die er noch nicht auf logarithmische und zyklometrische Funktionen zurückführen kann. Er läßt sich auch nicht durch die gegenteilige Feststellung JOH. BERNOULLIS (*HMP* 1702, Auszug *AE* I 1703) überzeugen.

JOH. BERNOULLI erkennt hier ähnlich wie LEIBNIZ (Andeutung von 1676) auch den Zusammenhang zwischen dem Arcustangens und dem Logarithmus mit imaginärem Argument. Hieran schließt sich (*AE* VI 1712) eine verbesserte Herleitung der Winkelteilungsgleichung.

In der vierten Reihendissertation (Basel 1698) setzt JAK. BERNOULLI die Behandlung von Integrationsproblemen fort. Die fünfte Reihendissertation (Basel 1704) wird von dem Neffen NIKLAUS I. BERNOULLI verteidigt. JAK. BERNOULLI ist bereits schwer krank; er beschränkt sich auf die Wiedergabe älterer Aufzeichnungen, die allerdings in methodisch verbesserter Umarbeitung erscheinen. Beachtlich ist der Hinweis auf die konvergenzverstärkende Transformation der Reihe für $ln\,(1+x)$ vermittels $x = y : (1 - y)$, erläutert am Beispiel $x = 1$. In ergänzenden Bemerkungen wird darauf hingewiesen, in „Extrempunkten" einer Kurve könne außer $y' = 0$ und $y' = \infty$ auch y' unbestimmt sein und jeden beliebigen Wert annehmen. Wenige Wochen später teilt JOH. CHR. FATIO den Baslern die konvergenzverstärkende Darstellung der LEIBNIZ-Reihe für $\frac{\pi}{4}$ aus $\frac{1}{2} + \frac{1}{2 \cdot 3} + \frac{1}{3 \cdot 5} + \frac{1}{5 \cdot 7} + \frac{4}{5 \cdot 7 \cdot 9} + \frac{4 \cdot 5}{5 \cdot 7 \cdot 9 \cdot 11} + \cdots$ mit, die (in Briefen an LEIBNIZ von HERMANN und JAK. BERNOULLI) bewiesen und in Entsprechung zur vorigen Transformation gebracht wird. Die nämliche Transformation wird von STIRLING (*PT* **30**, 1719) erfolgreich verwendet.

1689 tritt NEWTON als Vertreter der Universität Cambridge ins englische Parlament ein, wird 1696 an die kgl. Münze berufen, übernimmt 1699 deren

Leitung und ist seit 1703 Präsident der *RS*. Auf die Weiterentwicklung des Calculus nimmt er keinen aktiven Einfluß, gibt jedoch 1704 die *Quadr. curv.* (s. II, S. 73) in Druck. In wohlausgeklügelter und unangreifbarer Form hebt LEIBNIZ in einer (anonymen) Rezension (*AE* I 1705) hervor, daß NEWTONs Andeutungen über die Fluxionenrechnung in den *Principia* erst nach seiner eigenen Veröffentlichung über die Differentialrechnung erschienen ist. In HERMANNs Nachruf auf JAK. BERNOULLI (*AE* I 1706) fügt er einen Hinweis auf die „große Erfindung des Jh., die LEIBNIZsche Infinitesimalanalysis" ein, ohne NEWTON, den er früher in diesem Zusammenhang rühmend zu nennen pflegte, zu erwähnen. Auch in REYNAUs *Analyse demontrée* (1708) wird nur LEIBNIZ besonders hervorgehoben, und MANFREDIs Schrift über Differentialgleichungen (1707) ist ausschließlich auf LEIBNIZ' Aufsätze gestützt.

Die Freunde NEWTONs sind über die Zurücksetzung des großen Mannes empört. Einer von ihnen, der Schotte KEILL, führt in einer der *RS* 1708 vorgelegten Studie über Zentralkräfte (Druck: *PT* 26, 1710) aus, sein Ergebnis folge leicht aus NEWTONs Fluxionenrechnung, die LEIBNIZ unter Abänderung des Namens und der Bezeichnungen in den *AE* veröffentlicht habe. LEIBNIZ' brieflicher Einspruch (1711) führt (III 1712) zur Einsetzung eines großenteils aus Freunden NEWTONs bestehenden Ausschusses, der die Prioritätfrage nach kurzer Prüfung gegen LEIBNIZ entscheidet (IV 1712) und durch den Abdruck großenteils bereits veröffentlichter Briefe, Auszüge und Schriftstücke (aus WALLIS, 1699 und der Ausgabe der NEWTONschen *Analysis* 1711) zu erhärten versucht (*Comm. epist.* 1712/13, ²1722 mit verschärfenden

Zusätzen von NEWTON selbst, ³1725 mit neuem Vorwort). Die Stellungnahme des Ausschusses hat auch politische Hintergründe. NEWTON ist Anhänger der Tories, die 1710/14 an der Herrschaft sind und sich gegen den durch die *Act of Settlement* (1701) als Thronfolger eingesetzten Kurfürsten GEORG von Hannover, den Landesherrn von LEIBNIZ, wenden. Der Entscheid ist jedoch unrichtig und zudem mangels ausreichenden Rückgriffs auf die noch heute vorhandenen Originale unzureichend begründet. Den Mitgliedern des Ausschusses muß zu oberflächliche Prüfung der Unterlagen, jedoch nicht böser Wille unterstellt werden. LEIBNIZ ist als Erfinder des Calculus von NEWTON unabhängig. Dies steht vor allem seit MAHNKE (1926, 1932) endgültig fest.

LEIBNIZ nimmt in handfesten Gegenerklärungen („Flugblatt" vom 29. VII. 1713, *Journ. lit.* XI/XII 1713) Stellung, wobei er sich auf massive Äußerungen JOH. BERNOULLIS vom 7. VI. 1713 bezieht. Die ausführliche Darlegung (*Historia et origo calculi differentialis* 1714), deren Einzelheiten sich aus den noch ungedruckten Aufzeichnungen LEIBNIZ' aus der Pariser Zeit als genau zutreffend erweisen, blieb damals ungedruckt. NEWTON läßt in den *PT* I 1715 ohne Namensnennung einen Bericht über das *Comm. epist.* erscheinen (auch Vorwort der zweiten Auflage des *Comm. epist.*), die zusätzlich schwere, heute widerlegte Beschuldigungen gegen LEIBNIZ enthalten, z. B. die Behauptung, dieser habe NEWTONS Brief vom 3. XI. 1676 (s. II, S. 73/74) in London schon vor der Weitergabe nach Hannover eingesehen.

Vergeblich versuchen Freunde, wie CHAMBERLAYNE, MONTMORT und CONTI, zu vermitteln (Briefe

1714/16). Es kommt zu immer härteren und schlecht begründeten gegenseitigen Beschuldigungen. Sogleich nach LEIBNIZ' Tod (14. XI. 1716) läßt NEWTON die durch Vermittlung CONTIs gewechselten Briefe als Anhang zu der im Sinne der englischen Auffassung zusammengestellten *History of fluxions* von RAPHSON (Druck 1715, Ausgabe nach des Verf. Tod 1716) drucken. Eine umfangreichere Sammlung, die der LEIBNIZschen Sache dienen soll, findet sich im *Recueil* (1720) von DES MAIZEAUX. Die kritische Ausgabe aller in Frage stehenden Schriftstücke steht noch aus. — In den nächsten Jahrzehnten wird die Prioritätfrage nicht mehr weiter diskutiert. Die allgemeine Ansicht gibt NEWTON recht. Erst im 19./20. Jh. wird die Darstellung des *Comm. epist.* als unzureichend begründet und der Entscheid als unrichtig erkannt.

JOH. BERNOULLI, seit JAK. BERNOULLIs Tod dessen Nachfolger in Basel, wird zum Hauptvertreter der LEIBNIZschen Infinitesimalmethoden. Er ist Mittelpunkt eines Kreises mathematikbegeisterter Schüler, die sich den despotischen Launen des bei allen Mängeln doch überlegenen geistesmächtigen Meisters beugen. Nach LEIBNIZ' Tod übernimmt JOH. BERNOULLI die Verteidigung des geschmähten Freundes. In zahlreichen mit Erfolg durchgeführten wissenschaftlichen Fehden erhärtet er die Überlegenheit der besser durchdachten LEIBNIZschen Bezeichnungsweise für infinitesimale Prozesse gegenüber der NEWTONschen. Allerdings wendet er sich — seit dem Tod JAK. BERNOULLIs des einzigen wahrhaft kongenialen und kritisch wetteifernden Partners entratend — in erster Linie den Anwendungen der Infinitesimalmethoden auf physikalische und technische Fragen zu.

Schon in den *AE* VIII 1695 handelt JOH. BERNOULLI von Kurvenpaaren, deren Bogensumme oder -differenz durch Kreisbögen rektifiziert werden kann. In den *AE* VIII 1698 bemerkt er, daß sich der Kurve $y(x)$ vermöge $\xi = xy'^3$, $\eta = \frac{1}{2}(3\,xy'^2 - \int y'^2\,dx)$ eine zweite Kurve $\eta\,(\xi)$ punktweise so zuordnen läßt, daß die Bogensumme der beiden Kurven gleich $x\sqrt{(1 + y'^2)^3}$ ist. Im *JS* vom 12. II. 1703 fordert er die Konstruktion algebraischer Kurven, die zu einer gegebenen bogengleich sind. CRAIGS Versuche (*PT* I/II 1704 = *AE* IV 1705) werden von JOH. BERNOULLI (*AE* VIII 1705) widerlegt. Jetzt sagt JOH. BERNOULLI, daß ein Punkt, der fest mit einer starren algebraischen Kurve verbunden ist, die berührend parallel zu sich selbst längs einer zweiten festen algebraischen Kurve gleitet, eine algebraische Kurve beschreibt, deren Bogen je nach Art der Berührung gleich der Summe oder Differenz der Bögen der Ausgangskurven ist. Als kennzeichnendes Beispiel behandelt er die berührende Parallelverschiebung der Ellipse $\frac{x^2}{b^2} + \frac{y^2}{a^2} = 1$ längs der festen Ellipse $\frac{x^2}{a^2} + \frac{y^2}{b^2} = 1$ (Brief an LEIBNIZ vom 15. I. 1707 = *Miscellanea Berolinensia* (= *MB*) **1**, 1710). Dabei beschreibt der Mittelpunkt der bewegten Ellipse eine konvexe Kurve mit O als Mittelpunkt und acht symmetrisch liegenden Scheiteln, die den Kreis des Halbmessers $a + b$ um O in vier Scheiteln von außen und den Kreis des Halbmessers $\sqrt{2\,(a^2 + b^2)}$ um O in vier Scheiteln von innen berührt. So erhält JOH. BERNOULLI beachtliche Näherungen für den Ellipsenumfang.

Weiterhin wirft JOH. BERNOULLI (Brief an LEIBNIZ vom 12. IX. 1694) das Problem der Isogonal- und Orthogonaltrajektorien auf. Es wird (*AE* V 1697) in Zusammenhang mit den Vorstellungen der HUYGENS-schen Wellentheorie gebracht und in einem Beispiel (Orthogonaltrajektorien der asymptotengleichen logarithmischen Kurven durch einen festen Punkt) als Aufgabe gestellt. JAK. BERNOULLI löst dieses spezielle Problem (*AE* V 1698). JOH. BERNOULLI weist (*AE* X 1698) auf die Differentialgleichung des allgemeinen Problems der Isogonaltrajektorien hin. Nach Übereinkunft mit JOH. BERNOULLI fordert LEIBNIZ am Ende des Schreibens an CONTI vom 6. XII. 1715 von den Engländern die Orthogonaltrajektorien aller scheitelgleichen Hyperbeln unter Verwendung allgemeiner Gesichtspunkte. NEWTON läßt den in sehr kurzer Zeit gefundenen Lösungsgedanken unter Bezugnahme auf JOH. BERNOULLI in den *PT* I/III 1716 drucken. Eingehend und mit vielen Beispielen ausgestattet ist die Darstellung NIKLAUS' II. BERNOULLI (*AE* V 1716, VI 1718 und V 1720). Weitere formale Verbesserungen gibt HERMANN (*AE* VIII 1717, VIII 1718, II 1719); TAYLOR kennzeichnet die Bogenlängen der gesuchten Trajektorien durch eine Differentialgleichung (*PT* X/XII 1717) und STIRLING stellt (1717) fest, daß die Orthogonaltrajektorien der von LEIBNIZ vorgelegten Hyperbelschar nicht algebraisch ausdrückbar sind. Auch NIKLAUS I. BERNOULLI liefert einen Beitrag (*AE* VI 1719).

Von NIKLAUS II. BERNOULLI (Ende der Abh. von 1720) stammt das Problem der reziproken Orthogonaltrajektorien. Es fordert die Bestimmung einer Kurve innerhalb eines Parallelstreifens der Ebene, die auf einer der begrenzenden Geraden senkrecht steht. Aus ihr sollen durch Verschieben parallel zu den begrenzenden Geraden bzw. durch Spiegeln an der Mittelparallelen des Streifens zwei zu einander orthogonale Kurvenscharen erzeugt werden. Die Lösungsversuche PEMBERTONS (*AE* 1721/23) werden von JOH. BERNOULLI (*AE* 1721/27) zerpflückt und durch elegantere ersetzt.

Schon früh beginnen die Versuche jüngerer englischer Autoren, die Fluxionslehre zusammenfassend darzustellen.

Was D. GREGORY 1684 unter Verwendung des nicht voll verstandenen Nachlasses seines Onkels J. GREGORY vorbringt, dringt nicht sehr tief. Auch die Schriften von HARRIS (1702), CHEYNE (1703), HAYES (1704), DITTON (1706) und CRAIG (1718) sind ziemlich unbedeutend. Gegen den (anonymen) Kommentar von CROUSAZ zu L'HOSPITALS *Analyse* (1721) und die 1735 ins Französische übersetzte *Method of Fluxions* (1730) von STONE, deren erster Teil eine englische Übersetzung von L'HOSPITALS Werk darstellt, erhebt JOH. BERNOULLI (1742) unter Hinweis auf seine Prioritätsrechte Einwendungen.

Der mathematisch begabteste unter NEWTONS Anhängern ist R. COTES (1682—1716) — auf NEWTONS Empfehlung hin seit 1706 Inhaber der PLUME-Professur für Astronomie in Cambridge und 1709 zum Redaktor der zweiten Ausgabe der NEWTONschen *Principia* bestellt (Druck 1713). In der *Logometria* (*PT* I/III 1714) faßt COTES die früheren Beiträge der Engländer einheitlich neugestaltend zusammen, deren wichtigste von HALLEY (*PT* III/V 1695: $ln\,(1 + x) = \lim_{n \to 0} [(1 + x)^n - 1] : n$) und MOIVRE (*PT*

V 1698: Funktionalgleichung zur Definition des Logarithmus) stammen. In kritischer Auseinandersetzung mit den LEIBNIZschen Aufsätzen zur Integration rationaler Funktionen findet COTES 1716 den nach ihm benannten Lehrsatz (Druck im Nachlaß: 1722; dort auch PEMBERTONs Beweis), durch den die reelle Zerlegung von $x^n \pm a^n$ in lineare und quadratische Faktoren geometrisch gedeutet wird. Weitere Beiträge zur Integrationstheorie erweisen sich als geschickte Fortbildung von Lesefrüchten aus besten zeitgenössischen Arbeiten zur Infinitesimalmathematik. In Kenntnis des COTESschen Satzes fordert TAYLOR 1718 brieflich mit abfälliger Bemerkung über LEIBNIZ' Unvermögen bei Behandlung von $\int dx : (a^4 + x^4)$ von den festländischen Mathematikern die reelle Integration der Funktion $x^{kp-1} : (e + fx^p + gx^{2p})$. JOH. BERNOULLI (*AE* VI 1719; Ergänzungen 1742), HERMANN (*AE* VIII 1719) und NIKLAUS I. BERNOULLI (*AE* X 1720) liefern Lösungen.

Schon in der *HMP* 1710 sind Briefe HERMANNs und JOH. BERNOULLIs über die Bahnkurven bei Anwendung von Zentralkräften enthalten. In den *AE* II 1713 übt JOH. BERNOULLI scharfe Kritik an der Art, wie NEWTON in den *Principia* die Pendelbewegung und den Wurf im widerstehenden Mittel behandelt. KEILL fordert (II 1718) nähere Einzelheiten. Jetzt behandelt JOH. BERNOULLI (*AE* V 1719) die Grundeigenschaften der ballistischen Kurve; der Beweis folgt in den *AE* V 1721 (Ergänzungen: 1742). Das Beste, was JOH. BERNOULLI zur Mechanik beigetragen hat, steht in den von der *Ac. sc.* mit Preisen bedachten Schriften der Jahre 1727 (Stoßgesetz), 1730 (Erklärung der KEPLER-Bewegung vermittels der DESCARTESschen Wirbeltheorie) und 1734 (Ausgleichsversuch zwischen der NEWTONschen und der DESCARTESschen Auffassung in astrophysikalischen Fragen).

Auch W. JONES (1675—1749) gehört zu NEWTONS Freundeskreis. Ursprünglich Handlungsgehilfe, findet er als Autodidakt den Weg zur Wissenschaft und verfaßt eine Einführung in die Mathematik (1706). Dort teilt er die von dem Astronomen MACHIN stammende hundertstellige Berechnung von π auf Grund der Zerlegung $\frac{\pi}{4} = 4 \cdot arc\,tg\,\frac{1}{5} - arc\,tg\,\frac{1}{239}$ mit. 1711 gibt JONES die NEWTONsche *Analysis* zusammen mit dem Wiederdruck der *Quadr. Curv.*, der *Enum. lin.* und der *Meth. diff.* heraus. Die ersten Versuche NEWTONS in dieser Richtung gehen bis 1675 zurück. Sie führen um 1676 zur sog. NEWTONschen Interpolationsformel (J. GREGORY schon 1668). Die Anwendung auf die numerische Quadratur wird in NEWTONS *Principia* (Buch III, *Lemma* 5) angedeutet und von COTES (seit 1707, Vorlesungen 1709, Druck 1722) durchgeführt; die zweckmäßigste Regel gibt SIMPSON (1743).

NEWTONS Verfahren wird von BR. TAYLOR (1685 bis 1731), einem Schüler KEILLS und MACHINS, in der *Methodus incrementorum* (1715) auf Grund eines unstrengen Grenzübergangs zur Herleitung der sog. TAYLOR-Reihe verwendet (handschriftlich 1712; vom Auftreten bei J. GREGORY weiß TAYLOR nichts). Auch JOH. BERNOULLIS Reihe wird (ohne Nennung des Erfinders) vorgeführt. Beachtlich ist die Bestimmung von $\frac{dx}{dy}, \frac{d^2x}{dy^2}, \dots$ aus $\frac{dy}{dx}, \frac{d^2y}{dx^2}, \dots$ und die Bestimmung singulärer Lösungen von Differentialgleichungen; bedeutend ist auch der Versuch, die Saitenschwingung mathematisch zu behandeln. Diesen Ansatz führt JOH. BERNOULLI in den *Comm. Ac. sc. Petrop.* (= *CP*) **3**, 1728 weiter.

In einer anonymen Abhandlung JOH. BERNOULLIS (*AE* VII 1716), deren Autorschaft dieser hartnäckig leugnete und die er auch nicht in die *Opera* übernehmen ließ, wird TAYLOR vor allem wegen der BERNOULLI-Reihe des Plagiates beschuldigt. Seine Rechtfertigungsversuche werden von NIKLAUS II. BERNOULLI (*AE* VII 1720) und BURCKHARDT (*AE* V 1721) zurückgewiesen. TAYLORS Differenzenmethode wird von NICOLE (*HMP* 1717, 1723, 1724, 1727) methodisch verbessert und zur Summierung von Reihen verwendet, die sich aus jenen der reziproken figurierten Zahlen durch Verallgemeinern ergeben. In den *PT* **30**, 1719/20 finden sich ergänzende Beiträge von MONTMORT, TAYLOR und STIRLING. Dieser teilt (1730) die Reihe $ln\, n! = ln \sqrt{2\pi} + \frac{2}{2n-1}\, ln \frac{2n+1}{2} - - \frac{1}{2n+1}\, \mathfrak{P}\left[\frac{1}{(2n+1)^2}\right]$ mit. Aus ihr entwickelt MOIVRE in Mitverwendung der 1730 gegebenen Näherung $e^n \cdot n! \approx n^n \sqrt{2\pi n}$ für große n und der Rekursionsformel $\binom{n}{2} B_2 + \binom{n}{4} B_4 + \cdots = \frac{n-2}{2}$ für die BERNOULLIschen Zahlen noch im nämlichen Jahr die Reihe $ln\, n! = ln \sqrt{2\pi n} + n\,(ln\, n - 1) + + \sum_{k=1}^{\infty} B_{2k} n^{1-2k} : [(2k-1)\, 2k]$.

Auch in Italien werden die neuen Gedanken mit Interesse aufgenommen. Schon 1703 schreibt G. GRANDI

(1671 — 1742), SACCHERIS bedeutender Schüler, eine Studie im Sinne der LEIBNIZschen Infinitesimalmathematik, und 1707 faßt G. MANFREDI (1681—1761) die in verschiedenen Zeitschriften zerstreuten Arbeiten der Leibnizianer über Differentialgleichungen zusammen. Sehr selbständig arbeitet der Graf G. C. FAGNANO (1682—1766), der sich erst seit seinem 24. Lebensjahr und als Autodidakt mathematisch betätigt. Er geht aus von JOH. BERNOULLIS Untersuchung über Kurven, auf denen sich die Summe oder Differenz zweier Bögen als Geradenstück darstellen läßt (*AE* X 1698; einfachstes Beispiel: $a^2y = x^3$). FAGNANO bestimmt 1716 die Ellipsen-, Hyperbel- und Zykloidenbogenpaare mit elementar rektifizierbarer Differenz und stößt 1717 zu Sonderfällen der Additionstheoreme elliptischer Integrale aus deren Differentialgleichungen vor. Durch Überlegungen, die von den Ergebnissen JAK. BERNOULLIS in den *AE* IX 1694 ausgehen, findet er, daß sich die Teilung des Viertelbogens der Lemniskate algebraisch ausführen läßt (Studien seit 1718).

J. RICCATI (1676—1754), einer der letzten Schüler ANGELIS, wetteifert mit HERMANN (lehrt 1707/13 in Padua), NIKLAUS I. BERNOULLI (lehrt 1716/19 in Padua) und NIKLAUS II. BERNOULLI (1720/22 Hauslehrer in Venedig) erfolgreich in der Behandlung von Infinitesimalproblemen. Wir verdanken ihm u. a. Untersuchungen über Kurven, die aus $\varrho\ (s)$, $\varrho\ (y)$ und $\varrho = r$ bestimmt sind, und interessante Studien über die Reduktion von Differentialgleichungen zweiter Ordnung (1722/23). Vielleicht sind die Arbeiten über die durch Trennung der Veränderlichen elementar lösbaren Fälle der RICCATIschen Differentialgleichung

(*AE Suppl.* 8, 1723), die auch von DAN. BERNOULLI (1724; *AE* XI 1725) und den andern BERNOULLIS bestimmt werden, durch ein druckfertig im Nachlaß JAK. BERNOULLIS vorhandenes Mskr. über $y' = x^2 + y^2$ angeregt, das NIKLAUS I. BERNOULLI kannte. Weniger bedeutend ist JOH. BERNOULLIS Abhandlung über homogene Differentialgleichungen (*CP* 1, 1726).

Die Gesamtentwicklung der Infinitesimalmethoden im ersten Viertel des 18. Jahrhunderts wird bestimmt durch den Gegensatz zwischen den Newtonianern und Leibnizianern. Unter Führung JOH. BERNOULLIS, der in JAK. HERMANN (1678—1733), seinem Neffen NIKLAUS I. BERNOULLI (1687—1759) und seinen Söhnen, dem frühvollendeten NIKLAUS II. BERNOULLI (1695—1726) und DANIEL BERNOULLI (1700—1782), ausgezeichnete Helfer findet, werden die Engländer wissenschaftlich überspielt. Auch in Frankreich, wo P. VARIGNON (1654—1722; Nachlaß: 1725) und B. FONTENELLE (1657—1757; 1728) in Einzeldarstellungen für die Verbreitung der neuen Gedanken wirken, und in Italien setzt sich die LEIBNIZsche Auffassung durch. Die Mathematiker auf der iberischen Halbinsel verhalten sich abwartend, die Niederländer folgen zögernd, in Deutschland und den nordischen Ländern sprechen nur wenige Persönlichkeiten auf die neuen Gedanken an und beteiligen sich kaum aktiv an ihrer Weiterentwicklung. Allerdings hat JOH. BERNOULLIS Eintreten für die mechanischen Vorstellungen von DESCARTES zur Folge, daß sich die NEWTONsche Himmelsmechanik in Frankreich erst seit dem Auftreten von MAUPERTUIS (1698—1759) und VOLTAIRE (1694—1778) durchsetzt, die sich kurz vor 1730 während ihres Aufenthaltes in England für die NEWTONsche Auffassung entscheiden.

5. Sonstige mathematische Fortschritte (etwa 1665 bis 1730) Infinitesimalmathematik in Japan (etwa 1650 bis 1770)

In den rund sechs Jahrzehnten, die dem mathematischen Spätbarock angehören, werden unter Einwirkung der pädagogischen Reformgedanken von M. MONTAIGNE, FR. BACON, R. DESCARTES und J. LOCKE mancherlei Versuche zur praktischen Umgestaltung des einführenden Unterrichts in die einzelnen mathematischen Fächer unternommen. Hier ist vor allem das Streben und Wirken von W. RATKE (1571—1635), von J. JUNGIUS (1587—1657), der JANSENISTEN in Port Royal (Höhepunkt etwa 1650—1670), von J. B. SCHUPP (1610—1661) und vor allem von J. A. COMENIUS (1592—1670) zu nennen.

Das Rechnen wird größtenteils in der Muttersprache, jedoch auch weiterhin nach der älteren Drillmethode gelehrt. Noch fehlt das Verständnis für die Notwendigkeit eines einheitlichen Aufbaus und einer zu vertieften Einsichten führenden Lehrmethode; an ihre Stelle tritt eine große Zahl zwar handfester und durchaus brauchbarer, jedoch das Gedächtnis unnötig belastender Regeln. Einigen der damals weitverbreiteten Rechenbücher, wie denen von VENTUROLI (seit 1663), HODDER (seit 1671), BARRÈME (seit 1672) und MATTHIESEN (seit 1680), die ersichtlich dem Zeitgeschmack besonders entgegenkommen, kann geschickte Darstellung keineswegs abgesprochen werden, jedoch fehlt es an anregenden Ansatzpunkten für tiefergehende Überlegungen. Das gilt auch für das Wirken eines zu seiner Zeit so hochgeschätzten Lehrers wie

E. Weigel, der seine Kraft in allzu Spielerischem, wie etwa in seinem Vierersystem (1673), erschöpft. Rühmend muß des tüchtigen Hamburger Rechenmeisters Meissner (1644—1716) gedacht werden, des Gründers der kunstrechnungsliebenden Sozietät, die sich die Verbesserung des Rechenunterrichts zum Ziel setzt. Auch Leibniz beschäftigt sich nebenher in Aufzeichnungen mit numerischen Fragen. Mit den Gedanken zur Dyadik, deren Bedeutung für infinitesimale Fragen ihm schon seit der Pariser Zeit klar ist, tritt er freilich erst in der *HMP* 1703 an die Öffentlichkeit. Aufzeichnungen über dyadisches Rechnen finden sich auch bei Harriot, Andeutungen (unabhängig) bei Schooten (1657). Von der Studie des auf vielerlei literarischen Gebieten tätigen Bischofs Caramuel y Lobkowitz zur Dyadik (1670) dürfte Leibniz nichts gewußt haben.

Die Versuche, den geometrischen Unterricht umzugestalten, knüpfen an Arnauld (Druck 1667) an, der an Stelle des starren Euklidischen Formalismus mit seinem unkindlichen Aufbau einen genetischen Lehrgang setzen möchte und großen Wert auf einfache und direkte Schlußweisen legt. In ähnlichem Sinne wirken auch die Jesuiten Gottigniez (seit 1669), Fabri (1669), Pardies (seit 1671), Dechales (seit 1672), Lamy (1685), ferner Malezieu (1715) und Varignon (1731). Der ebenfalls nach verkürzter und verbesserter Darstellung strebenden Euklid-Bearbeitung eines unbekannten Jesuiten (1666) schickt N. Mercator (1678) eine vielbeachtete Einführung voraus, in der die einfachsten geometrischen Örter unter Verwendung von Bewegungen und versinnlichenden physikalischen Vorgängen erklärt werden.

Allerdings wird in den meisten Schulen der ältere Lehrgang bevorzugt, der sich auf eine stark vereinfachte Auswahl aus EUKLID mit etwas Trigonometrie und Konstruktionspraxis beschränkt. Beliebt ist etwa die Darstellung von LE CLERQ (1669). Ein wenig tiefer dringen die zahlreichen EUKLID-Bearbeitungen und -Übersetzungen in den verschiedenen Landessprachen.

In den katholischen Ländern, wo der Unterricht vorzugsweise von den Erziehungsgrundsätzen der Jesuiten bestimmt wird, sind weiterhin zusammenfassende mathematische Einführungskurse unter Einschluß der praktischen und angewandten Mathematik üblich, wie jene von TACQUET (1669), GUARINI (1671), DECHALES (1674, 1690), GOTTIGNIEZ (seit 1675), BLONDEL (1683), V. GIORDANO (1686) und OZANAM (1693). Eine andere Gattung dieser Literatur sind die mathematischen Wörterbücher von VITALI (1668), MOXON (1680) und OZANAM (1690).

Die einfachsten Kapitel der Algebra gehören bereits zum festen Bestandteil der höheren Schulen. Tiefergehende Kenntnisse werden freilich erst an den Universitäten vermittelt. Als gute Zusammenfassungen des damals Üblichen verdienen die Lehrbücher von KERSEY (1673/74) und PRESTET (1675, 1689) Beachtung. Auch die Logarithmen setzen sich durch — vor allem bei Behandlung astronomischer Fragen. Neben den (zumeist 8-stelligen) Tafeln dekadischer Logarithmen — wir erwähnen etwa die vielgebrauchten von J. NEWTON (1688) — stehen (ebenfalls seit 1688) auch die Tafeln natürlicher Logarithmen von SPEIDELL zur Verfügung. Der Schwede ELVIUS betont 1698, daß die Rechenpraxis schon mit 5-stelligen

Tafeln auskommt. Die Rechentechnik wird langsam auf logarithmisch brauchbare Formeln umgestellt.

Auch nicht infinitesimale Fragen werden im Spätbarock eifrig diskutiert, jedoch ist der Kreis der Interessenten ziemlich klein.

Viele noch heute beliebte Aufgaben aus der Unterhaltungsmathematik finden sich schon bei LEURECHON-OUGHTRED (seit 1625) und OZANAM (seit 1694). Die den *Exerc. math.* von SCHOOTEN (1657) beigegebene Studie von HUYGENS über das Würfelspiel ist Ausgangspunkt tiefgründiger Untersuchungen von JAK. BERNOULLI. Dieser kennt übrigens weder die einschlägigen Arbeiten PASCALS (Druck 1665), noch die zwischen FERMAT, PASCAL, HUYGENS und HUDDE gewechselten Briefe. Seit 1685 stellt JAK. BERNOULLI einzelne Aufgaben über Wahrscheinlichkeitsfragen zur Diskussion. Vielleicht stammt die SPINOZA zugeschriebene Berechnung von Spielchancen (Druck 1687) nicht von diesem, sondern von einem durch JAK. BERNOULLI angeregten Niederländer. Im Fortgang seiner Studien findet JAK. BERNOULLI (um 1689) das Gesetz der großen Zahlen. LEIBNIZ, der sich von mathematischen Spieltheorien neue Beiträge zur Erfindungskunst erhofft (*MB* **1**, 1710), erhält von JAK. BERNOULLI in Briefen (1703/04) dessen Grundgedanken, vermag ihnen jedoch nicht mehr zu folgen. Das unvollendete Mskr. der richtungweisenden *Ars conjectandi* JAK. BERNOULLIS wird 1713 aus dem Nachlaß unter Mitwirkung von NIKLAUS I. BERNOULLI zum Druck befördert. Es enthält u. a. die bisher noch nicht datierbare Auswertung von $\sum_{k=1}^{n} k^p$ vermittels der BERNOULLIschen Zahlen, ferner wertvolle Gedanken über Gewißheit, Notwendigkeit, Zufall, moralische und rechnerische Erwartung, Wahrscheinlichkeit *a priori* und *a posteriori* und Gewinnaussichten bei Beteiligung von Spielern verschiedener Geschicklichkeit.

Schon etwas früher läßt MONTMORT eine Untersuchung über Glücksspiele drucken (1708), die 1713 in erweiterter Auflage erscheint, nunmehr bereits unter Einfluß der BERNOULLIschen *Ars conj.*, auf deren Inhalt MONTMORT durch NIKLAUS I. BERNOULLI hingewiesen wird. Dieser schreibt 1709 über die Anwendung der *Ars conj.* im Rechtsleben. Auf MONTMORT bezieht sich MOIVRE (*PT* 27, 1711), der selbständig zum Begriff der zusammengesetzten Wahrscheinlichkeit gelangt; genauer entwickelt er seine Gedanken 1720 und 1730. Auch die Frage nach möglichst angemessener Bestimmung der wiederkehrenden Auszahlungen bei Leibrenten und der Beiträge zu Lebens- und Ausstattungsversicherungen wird mittels der Wahrscheinlichkeitsrechnung behandelt. GRAUNT teilt (seit 1662) die Ergebnisse langjähriger englischer Beobachtung über Geburten und Sterbefälle mit. In HUYGENS' Aufzeichnungen (1669) finden sich Ansätze zur graphischen Auswertung dieses Materials. HALLEY berechnet (*PT* 17, 1693) im Anschluß an die Breslauer Geburts- und Sterbelisten von 1687/91 eine extrapolierende Sterblichkeitstafel für den Fall stationärer Bevölkerung. Auch NIKLAUS I. BERNOULLI und MOIVRE beschäftigen sich mit solchen Fragen.

Die Algebraiker verzehren ihre besten Kräfte im Ringen um das unerreichbare Wunschziel, die Lösungen allgemeiner algebraischer Gleichungen in Radikalform zu geben. Sie erzielen jedoch beachtliche kleinere Fortschritte.

Dem Aichmeister DARY, einem reinen Praktiker, gelingt 1675 die lang gesuchte Darstellung der drei reellen Lösungen einer Gleichung dritten Grades im *casus irreducibilis*. Die in der WALLISschen wissenschaftlich sehr sorgfältig aufgebauten und durchgearbeiteten *Algebra* (Mskr. 1676, englisch 1685, lateinisch vermehrt 1693) stehenden Hinweise auf NEWTONS Näherungsmethoden zur Gleichungslösung (iterierte Ansätze, NEWTONS Näherungsregel) werden von RAPHSON (1690) etwas weiter ausgeführt. ROLLE entwickelt (1690) die Kaskadenmethode zur Trennung und Annäherung von Gleichungslösungen und bemerkt (*HMP* 1708/09) das Hinzutreten problemfremder Lösungen bei unzweckmäßiger Elimination. LAGNY gibt (1692) irrationale Näherungen für höhere Radikale, die von HALLEY (*PT* **18**, 1694 = Anhang zu NEWTONS *Arithm. univ.*, Druck 1707) vermittels der NEWTONschen Näherungsmethode verschärft werden. Die Ansätze NEWTONS (*Arithm. univ.*) zur Feststellung der Anzahl komplexer Gleichungslösungen werden von MACLAURIN (*PT* **34**, 1726; **36**, 1730) und CAMPBELL (*PT* **35**, 1728) weitergeführt.

Grundsätzliches über die Kettenbruchentwicklung rationaler Zahlen findet sich in HUYGENS' Behandlung des Planetariums (1691 ?, Druck 1698). Wie sich die Kettenbruchentwicklung für $\sqrt{2}$ in eine Stammbruchreihe verwandeln läßt, weiß schon TSCHIRNHAUS (Brief an LEIBNIZ vom 17. IV. 1677). LEIBNIZ kennt außerdem (Ende 1675) die durch fortgesetzte Anwendung der babylonischen Näherungsregel (s. I, S. 13) erhältliche Stammbruchreihe für $\sqrt{2}$. Schrittweise bestimmt ROLLE (*Mem. math. phys.* 3, 1692) die Kettenbruchentwicklung für $\sqrt{a^2+b}$. Die dort gegebenen Verallgemeinerungen für höhere Radikale werden von JOH. BERNOULLI schon in den Vorlesungen für L'HOSPITAL (1692, Druck 1742) als irrig bezeichnet. Bei dieser Gelegenheit wird die ROLLEsche Entwicklung für $\sqrt{a^2 + b}$ allgemein in eine Reihe übergeführt; im Fall $\sqrt{2}$ weist JOH. BERNOULLI auf den Vergleich mit der binomischen Entwicklung hin. LAGNY versucht (*HMP* 1719) die ARCHIMEDischen Näherungswerte für $\sqrt{3}$ aus der Kreisrechnung (s. I, S. 38) durch Kettenbrüche zu erklären. Von den zahlreichen algebraischen Entwürfen LEIBNIZ' mit ihren interessanten, jedoch zumeist nur flüchtig angedeuteten Ansätzen ist nur eine kleine Auswahl gedruckt zugänglich. Den Zeitgenossen steht einzig eine Skizze über Bezeichnungsfragen zur Verfügung (*MB* 1, 1710).

Die durch eine Bemerkung GRANDIS (1703, wiederholt 1710) ausgelöste Diskussion zwischen LEIBNIZ und seinen Korrespondenten über $\frac{1}{2}$ als Wert der Summe $1 - 1 + 1 - 1 \cdots$ führt zum Abdruck eines LEIBNIZschen Briefes (*AE*, *Suppl.* 5, 1712); die Bemerkung LEIBNIZ' (*AE* IV 1712), daß negative Zahlen keine reellen Logarithmen besitzen, wird von JOH. BERNOULLI (Korrespondenz 1712/13) bekämpft, der $ln(-x) = ln\, x$ setzen will. Der Sachverhalt wird erst durch EULER (*Hist. Mém. Ac. Bln.* [= *HMB*] 5, 1749) geklärt. Schließlich sei auf MOIVREs Formel hingewiesen, die in den *PT* 25, 1707, in den *Misc.* (1730) und in den *PT* 40, 1738 nur angedeutet ist. Die heutige Fassung findet sich erst in EULERs *Introductio* (1748).

Auf zahlentheoretischem Gebiet ist im Grundsätzlichen über FERMAT hinaus kein Fortschritt zu verzeichnen. OZANAM, der interessante neue Probleme aufwirft, hat doch nur spezielle elementare Ansätze zur Verfügung (seit 1673), ebenso JAQUEMET (Nachlaß). ROLLE löst (1690) die unbestimmte Gleichung $bx - ay = c$ durch Anwendung der fortgesetzten Wechselwegnahme. Besonders beliebt ist das Problem der magischen Quadrate. Das Bedeutendste auf diesem Gebiet ist FRENICLEs Aufzählung der 880 möglichen 16-Zeller (Druck 1693).

Zahlreiche elementargeometrische Einzeluntersuchungen leiten zu vertiefter Einsicht in die Grundgesetze der Perspektive und der Koordinatengeometrie über.

In SCHOOTENs *Exerc. math.* (1657), die zahlreiche geometrische Einzelstudien enthalten, findet sich eine Übersicht über die mit dem Lineal und dem Streckenübertrager ausführbaren Konstruktionen, die von G. MOHR (1672) fortgeführt wird. MOHR handelt auch eingehend von Konstruktionen mit dem Zirkel allein (1672). G. CEVA leitet (1678) den nach ihm benannten Dreiecksatz elegant auf mechanischem Wege her; ein rein geometrischer Beweis stammt von JOH. BERNOULLI (Druck 1742). Um die nämliche Zeit mag Prinz RUPPERT von der Pfalz die Aufgabe gestellt und gelöst haben, einen Würfel durch einen zu ihm kongruenten hindurchzustecken (Bericht in WALLIS, 1693). Eine witzige Erfindung L'HOSPITALs, die mit den Auseinandersetzungen um die Kennzeichnung algebraischer Integrale algebraischer Funktionen zusammenhängt, steht in *HMP* 1701. Hier wird gezeigt, daß es unendlich viele algebraisch herstellbare Stücke des Möndchens zwischen einem Viertelkreis- und einem Halbkreisbogen gibt, die zwischen Parallelen zur Symmetrieachse der Figur liegen und elementar quadriert werden können.

Aus zahlreichen nachgelassenen Entwürfen geht hervor, wie eingehend sich LEIBNIZ mit grundlegenden Fragen der Geometrie und ihrer Beziehung zur Infinitesimalmathematik beschäftigt hat, ohne doch Abschließendes und ihn selbst Befriedigendes zu erreichen. Das Wertvollste in dieser Hinsicht ist die Beilage zum Brief an HUYGENS vom 18. IX. 1679, wo LEIBNIZ die Anfänge einer Begriffsschrift zur Kennzeichnung geometrischer Lagebeziehungen entwickelt. Anscheinend hat ihm HUYGENS' abweisende Stellungnahme die Lust an der Weiterführung dieses Gedankens genommen.

Viele Autoren mühen sich um die einwandfreie Gestaltung der Parallelenlehre, die schon von SAVILE (1621) als Makel (*naevus*) der Geometrie bezeichnet wurde. Beachtliche Erklärungsversuche stammen von V. GIORDANO (1680), WALLIS (Druck 1693, anknüpfend an AT-TÛSIS Versuch, den er sich aus dessen arabischer EUKLID-Ausgabe von 1594 übersetzen läßt) und MALEZIEU (1715). Das Beste in dieser Richtung gibt SACCHERI (1733), der im Grunde bereits die elliptische und hyperbolische Geometrie neben die EUKLIDische stellt, jedoch die nichteuklidischen Fälle auf Grund von Scheinbeweisen als unzutreffend verwirft. Diese geistreiche Studie wird jedoch von den Zeitgenossen ebensowenig gewürdigt wie die 1697 entwickelten Gedanken zur Logistik.

Beachtliche Beiträge zur Kegelschnittlehre sind in NEWTONS Vorlesungen über *Arithm. univ.* (1673/84, Druck 1707) und über die Himmelsmechanik (1684/87, Druck 1687) enthalten. Weniger bedeutend sind die lehrbuchartigen Darstellungen von LA HIRE (1673, 1679, 1685), OZANAM (1687), CRAIG (1693) und L'HOSPITAL (Druck 1707), in denen der analytische Standpunkt durchaus nicht folgerichtig durchgeführt ist. Eine reichhaltige Übersicht über die damals bekannten Anwendungen der Algebra auf die Geometrie findet sich bei J. CHR. STURM (1689) und GUISNÉE (1705). Die Gleichwertigkeit der Koordinaten, aus LEIBNIZ' Aufzeichnungen schon seit 1675 sichergestellt, wird noch nicht einmal von RABUEL (1730) ganz folgerichtig erfaßt.

In NEWTONS vorhin erwähnten Schriften finden sich auch instrumentale Erzeugungsweisen höherer Kurven. NEWTONS Klassifizierung der Kurven dritter Ordnung (Anfang 1676, Druck 1704) wird von STIRLING (1717) und STONE (*PT* 41, 1740) ergänzt. In der Folgezeit werden zahlreiche spezielle algebraische und transzendente Kurven erfunden, wie etwa die Rosenkurven (GRANDI 1728). Für weitere Einzelheiten auf diesem weitschichtigen Gebiet muß auf G. LORIA (seit 1902) verwiesen werden.

Raumkoordinaten werden schon von HUDDE (1657) verwendet. Auch LEIBNIZ (Aufzeichnung von 1675) und die BERNOULLIS (z. B. Brief JOH. BERNOULLI — LEIBNIZ, 6. II. 1715) sind mit ihnen vertraut. PARENT schreibt (1705) Flächengleichungen wirklich an, PITOT stellt (*HMP* 1724) die Schraubenlinien in Raumkoordinaten dar.

NEWTONS Behandlung der Kurven dritter Ordnung beruht auf perspektivischen Grundgedanken. Diese werden von MURDOCH (1746) deutlich hervorgehoben. Wie stark das allgemeine Interesse an der Perspektive ist, zeigen Zusammenfassungen in Sammelwerken, wie dem von DECHALES (1674), und ausführlichere Einzeldarstellungen von LA HIRE (1673), s'GRAVESANDE (1711), DITTON (1712) und TAYLOR (1716 u.ö.).

Ins Spätbarock fallen auch die ersten Anfänge mathematikgeschichtlicher Zusammenstellungen. Trotz aller Mängel ist der Versuch von VOSSIUS (1650) ernst zu nehmen, während die geschichtlichen Abschnitte in den Kursen von TACQUET (1654) und DECHALES (1690) unbefriedigt lassen.

Ausgezeichnetes wird vor allem von den Engländern auf editorischem Gebiet geleistet. Die von THÉVENOT (1693) besorgte Sammlung griechischer Kriegsschriftsteller kann heute nicht mehr befriedigen. Hingegen ist D. GREGORYS EUKLID-Ausgabe (1703) für mehr als 100 Jahre unübertroffen, und die auf BERNARDS Vorarbeiten beruhende APOLLONIOS-Ausgabe (1706, 1710) von HALLEY unter Verwendung der nur arabisch erhaltenen Texte ist eine auch heute noch unerreichte Edition. HALLEYS Ausgabe des MENELAOS (nach arabischen Übersetzungen) kommt freilich erst 1758 heraus. Es ist sicher kein Zufall, daß die großen Oxforder Editionen griechischer Mathematiker mit dem Wirken des so jung verstorbenen Grafen SHAFTESBURY (1671—1713), dem begeisterten Begründer der neuhumanistischen Schule, zusammenfallen. Kurz muß auch auf BARROWS für Vorlesungszwecke gedachte Bearbeitungen antiker Mathematiker (1675) hingewiesen werden, die viel zur Hebung des mathematischen Verständnisses an den englischen und festländischen Universitäten beigetragen haben.

Die führenden Mathematiker des Barock sind fast durchwegs Einzelgänger, die sich mit dem überlieferten Lehrgut nicht zufrieden geben und in zuversichtlichem Vertrauen auf ihre eigene Denk- und Vorstellungskraft neue Wege beschreiten. Sie verkürzen die älteren Schlußweisen durch Einführung zweckmäßiger Operationssymbole und erzielen eine bessere Übersicht über das früher nur lose nebeneinander gestellte Einzelwissen. Sie stoßen zu zahlreichen neuen Ergebnissen vor und eröffnen den Zugang zu weiteren, die in greifbare Nähe rücken. Die Anwendbarkeit der neuen Methoden schafft ihnen zahlreiche Nachfolger, denen in erster Linie nicht mehr das Grundsätzliche, sondern der Ausbau der formalen Methoden am Herzen liegt. Damit bereitet sich der Übergang zu jener Epoche vor, die im vernunftgemäßen und zweckbestimmten Handeln ihr höchstes Ideal sieht und sich in übersteigerter Wertschätzung ihrer eigenen Auffassung aus den ihrer Meinung nach unerträglich gewordenen Banden der Tradition zu lösen versucht: das Spätbarock führt in das Zeitalter der Aufklärung hinüber.

Während im Abendland operative Infinitesimalmethoden erfunden und entwickelt werden, treten ähnliche Verfahren fast gleichzeitig unbeeinflußt und in eigenartiger Prägung auch im fernen Osten auf.

Schon im 6. Jh. kommen einzelne buddhistische Mönche von Korea nach Japan und bringen chinesische Rechenbücher mit. Unter ihrem Einfluß entsteht seit dem 7. Jh. eine japanische arithmetische Schule, die sich auch des Abacus (*soroban*) geschickt zu bedienen weiß.

Seit 1543 bestehen Handelsbeziehungen von Japanern mit portugiesischen Seefahrern, seit 1609 auch mit niederländischen. Seit 1549 wirkt Franz Xavier in Japan. Das Christentum breitet sich rasch aus. In Funai entsteht eine katholische Universität, die den *mag. art.* und den *Dr. theol.* verleiht. Seit 1600 setzt eine gegen die Christen und die chinesischen Buddhisten gerichtete Bewegung ein, die 1638 zur Austilgung des Christentums und zum völligen Abschluß gegen ausländische Einflüsse führt. Die noch vorhandenen Handelsniederlassungen werden aufs strengste überwacht. Aus dieser Zeit sind Listen der nach Japan eingeführten westlichen Druckschriften vorhanden. Sie zeigen, daß nur wenige Rechenbücher und Werke über Trigonometrie und Astronomie nach Japan gelangt sind.

Aus China bringt MÔRI um 1600 die numerischen Methoden der Chinesen zur Auflösung höherer Gleichungen mit. Das umfangreiche Rechenbuch seines Schülers YOSHIDA (1627) wird in einem knappen, für Anfänger bestimmten Auszug bis ins 19. Jh. verwendet. MURAMATSU bestimmt (1663) durch numerische Rechnung aus dem 2^{13}-Eck acht Dezimalen von π, und MURASE verwendet (um 1680) irrationale Iterationen zur numerischen Auflösung von Gleichungen dritten Grades.

Der geniale Samurai SEKI (1642 ?—1708) beginnt 1674 mit Studien zur Gleichungslehre im Sinne der chinesischen Vorbilder, kennt die allgemeine Lösung der unbestimmten Gleichung $bx - ay = 1$ und behandelt 1683 lineare Gleichungssysteme durch determinantenartige Ansätze. Durch gebrochene Iteration unter fortwährendem Abbrechen der entstandenen Potenzentwicklungen und formale Fortsetzung des aus den ersten Gliedern erhaltenen Ergebnisses gewinnt SEKI die kleinere Lösung einer quadratischen Gleichung mit zwei positiven Lösungen in Form der Binomialentwicklung. Das Ergebnis wird beim Aufbau einer Reihe verwendet, die mit der Potenzentwicklung von $(\mathit{arc}\ \sin x)^2$ gleichwertig ist. Diese Untersuchungen, die als geheime Tempelwissenschaft gepflegt werden, scheinen auch dem Kaiserhof bekannt geworden zu sein. Jedenfalls berichtet der Weltreisende E. KÄMPFER, der sich 1690/93 in Japan aufhalten durfte, von hohem mathematischem Wissen der einheimischen Gelehrten.

SEKIS Schüler TAKEBE (1664—1739) ist Erfinder der japanischen Kettenbruchmethode. Er berechnet (1722) π auf 42 Stellen und entwickelt x^2 auf dreifache Weise als Funktion von $1 - \cos x$. MATSUNAGA († 1744), ein indirekter Schüler SEKIS, berechnet (1739) π aus der Reihe für $\mathit{arc}\ \sin \frac{1}{2}$ auf 51 Dezimalen und wandelt (1740) Dezimalbrüche in gemeine um. ARIMA (1714—1783) führt 1763 beachtliche zahlentheoretische Untersuchungen durch. Er teilt 1766 die 12. und 27. Kettenbruchnäherung für π und die 8. Kettenbruchnäherung für π^2 mit. Weiterhin gibt er 1769 Summenformeln für die Potenzen aufeinanderfolgender Zahlen und für aufeinanderfolgende figurierte Zahlen. Er kennt eine Interpolationsformel, die mit der NEWTONschen gleichwertig ist. Die einheimische Tradition setzt sich ungebrochen bis zur Öffnung Japans (1868) fort.

An diesen Untersuchungen nimmt nur ein kleiner Kreis von Eingeweihten teil. Es handelt sich ausschließlich um Näherungsrechnungen und formale Entwicklungen, nicht um strenge Methoden in unserm Sinn. Dazu treten feinsinnige elementare Studien, die sich auf Gegenstände der Unterhaltungsmathematik, wie magische Quadrate und magische Kreise, beziehen, ferner auf Systeme einbeschriebener und sich gegenseitig berührender Kreise in Dreiecken und Vierecken und auf Ähnliches im Raume.

Allgemeines

A. Wolf: *A history of science, technology and philosophy in the 18th century*, ²London 1952.

R. Wolf: *Biographien zur Kulturgeschichte der Schweiz*, Zürich 1858/1862 (4 Bde.).

Zum Prioritätstreit

St. P. Rigaud: *Historical essay in the first publication of ... I. Newton's Principia*, Oxford 1838.
– *Correspondence of scientific men of the XVIIth century*, ed. St. J. Rigaud, Oxford 1841 (2 Bde.).

P. H. u. N. Fuss: *Correspondance mathématique et physique de quelques célèbres géomètres du XVIIIme siècle*, Petersburg 1843.

A. de Morgan: *On a print connected with the dispute between Keill and Leibniz about the invention of fluxions*, London 1846.
– *Essays on the life and work of Newton* im *Philosophical Magazine* (4) 2, 1848 + 4, 1852; ²ed. Ph. E. Jourdain, Chicago 1914.

J. Edleston: *Correspondence of ... Newton and ... Cotes*, Cambridge 1850.

C. I. Gerhardt: *Die Entdeckung der höheren Analysis*, Halle a. S. 1855.

H. Weissenborn: *Die Prinzipien der höheren Analysis*, Halle a. S. 1856.

F. Giesel: *Die Entstehung des Newton-Leibniz'schen Prioritätstreites hinsichtlich der Erfindung der Infinitesimalrechnung*, Delitsch 1866, Prgr.

G. Vivanti: *Il concetto d'infinitesimo e la sua applicazione alla matematica*, Mantua 1894, ²Neapel 1901.

Fl. Cajori: *A history of the conceptions of limits and fluxions in Great Britain from Newton to Woodhouse*, Chicago/London 1919.

D. Mahnke: *Neue Einblicke in die Entdeckungsgeschichte der höheren Analysis* in den *Abh. Ak. Berlin* 1925, phys.-math. Kl. Nr. 1, Berlin 1926.
– *Zur Keimesgeschichte der Leibnizschen Differentialrechnung* in den *Sitzber. d. Gesellsch. z. Beförderung d. ges. Naturwiss. z. Marburg* 67, Berlin 1932.

J. E. Hofmann: *Die Entwicklungsgeschichte der Leibnizschen Mathematik während des Aufenthaltes in Paris (1672/76)*, München 1949.

Zum Rechnen

M. Sterner: *Geschichte der Rechenkunst*, München 1891.

Zur Interpolation

A. v. Braunmühl: *Historische Untersuchung der ersten Arbeiten über Interpolation* in der *Bibl. math.* (3) 2, 1901.

A. Kowalewski: *Newton, Cotes, Gauss, Jacobi: Vier grundlegende Abhandlungen über Interpolation und genäherte Quadratur*, Leipzig 1917.

Zur Variationsrechnung

F. Giesel: *Geschichte der Variationsrechnung*, Torgau 1857, Prgr.

Zur Wahrscheinlichkeitsrechnung

I. Todhunter: *History of the mathematical theory of probabilities from the time of Pascal to that of Laplace*, Cambridge 1865.

Algebraische Kurven und Funktionen

A. Brill – M. Noether: *Die Entwicklung der Theorie der algebraischen Funktionen in älterer und neuerer Zeit*, im *Jahresbericht d. Dtsch. Math. Ver.* (= *JDMV*) 3, 1892/93.

G. Loria: *Curve piane speciali algebriche e transcendenti*, Mailand 1902, ²1909, ³1930; dtsch. v. Fr. Schütte, Leipzig/Berlin 1902, ²1910/11.

Zur Parallelenlehre

Fr. Engel – P. Stäckel: *Die Theorie der Parallellinien von Euklid bis auf Gauss*, Leipzig 1895 (2 Bde.).

Zur Mechanik

A. R. Hall: *Ballistics in the XVIIth century*, Cambridge 1952.

R. Dugas: *La mécanique au XVIIme siècle*, Paris 1954.

E. J. Dijksterhuis: *De mechanisering van het wereldbeeld*, Amsterdam 1950, dtsch. Berlin/Göttingen/Heidelberg 1956.

Zur japanischen Mathematik

T. Endo: *Geschichte der japanischen Mathematik*, Tokio 1896 (japan.).

Y. Mikami: *The development of mathematics in China and Japan*, Leipzig 1913.

D. E. Smith – Y. Mikami: *A history of Japanese mathematics*, Chicago 1914.

Y. Mikami: *Die japanische Mathematik in der Edo-Zeit*, in *Die Wissenschaft der Edo-Zeit (1600–1868)*, Tokio 1934 (japan.).

VIII. Abschnitt

Aufklärung (etwa 1700 bis 1790)

1. Allgemeines; elementare Fragen

Die Aufklärung wird von Persönlichkeiten getragen, deren Grundansichten aus der Vereinigung zahlreicher geistiger Strömungen hervorgegangen sind. Die englische Aufklärung beginnt mit J. LOCKE (1632—1704), der trotz persönlicher Freundschaft mit BOYLE und NEWTON kein engeres Verhältnis zu den zeitgenössischen exakten Naturwissenschaften gewinnt. LOCKEs Empirismus kommt in England seit Beseitigung der Stuarts durch die *Glorious Revolution* (1688/89) in Mode. Tiefen Eindruck macht der *Essay concerning human understanding* (1690), der LEIBNIZ zu eingehender Behandlung des Gegenstandes in den *Nouveaux essais sur l'entendement humain* (1707, Erstdruck 1765) in seinem eigenen Sinn veranlaßt. Der deistischen Richtung des Empirismus gehört WHISTON an, NEWTONs Nachfolger in Cambridge, der 1711 als „Arianer" seines Amtes entsetzt wird. Zur moralphilosophischen Richtung gehört neben SHAFTESBURY auch CLARKE, der 1715/16 Streitschriften mit LEIBNIZ über die Grundlagen der NEWTONschen Mechanik wechselt. Hauptvertreter der spiritualistischen Richtung ist der anglikanische Bischof (1734) BERKELEY, der schon 1710 philosophische Einwände gegen Infinitesimalbetrachtungen erhebt. Er löst 1734, wo er Vertretern der Infinitesimalmathematik (gemeint ist HALLEY) Verführung zum Freidenkertum wegen vorgeblicher Nichtbeweisbarkeit christlicher Glaubenswahrheiten bei mangelnder Strenge im eigenen Fach vorwirft, eine heftige Diskussion aus. Mit ungeschickten Argumenten wenden sich JURIN und WALTON gegen BERKELEY; vortrefflich ist ROBINS' Verteidigung der NEWTONschen Methoden (1735), weniger bedeutend eine Darstellung der Fluxionentheorie von HODGSON (1736) und eine populär gehaltene Einführung von ROWE (1741). Überragend ist, was MACLAURIN (im Druck seit 1737, Ausgabe 1742) unter Rückgriff auf ARCHIMEDES zur Begründung der Infinitesimalprozesse vorbringt. Durch den vielseitigen D. HUME (1711—1776), der unter anderm auch der englischen Geschichtsschreibung wertvolle Impulse gibt und mit den französischen Aufklärungsphilosophen in enger Verbindung steht, wird vor allem die psychologische Seite des Empirismus ausgebildet.

Die französische Aufklärung wird eingeleitet durch den Skeptiker P. BAYLE (1647—1706). BAYLE ist Mitherausgeber der *Nouv. rép. lettres* und Verfasser des berühmten *Dictionaire historique et critique* (seit 1695). Durch MAUPERTUIS und VOLTAIRE wird die NEWTONsche Mechanik und mit ihr auch die Gedankenwelt des englischen Empirismus zum Diskussionsthema in den Salons und gelehrten Gesellschaften. Die führenden Geister Frankreichs ertragen nur mehr mit Abscheu die Gewaltmaßnahmen des *ancien régime* in dem durch die ständigen Kriege, den Leichtsinn, die Prunksucht und die Mißwirtschaft des Hofes völlig verarmten Land. Sie setzen der autoritären Staats- und Kirchenführung in steigendem Maße den Willen zur freien und selbständigen Lebensgestaltung entgegen und machen die von führenden Wissenschaftlern in lebendiger Sprache und leicht verständlicher Form dargebotenen Ergebnisse der theoretischen und experimentellen Forschung zur Grundlage einer Weltanschauung, die zum Materialismus, zur Abkehr von der Kirche und zum Fortschrittsglauben führt. Ihre Wortführer sind die Encyclopädisten.

Den Anstoß gibt der buchhändlerische Erfolg eines von DIDEROT aus dem Englischen übersetzten medizinischen Lexikons (1746). Nun tut sich DIDEROT mit D'ALEMBERT und andern zu einer völligen Neugestaltung der *Cyclopaedia* von CHAMBERS (seit 1728) zusammen, die einen Überblick über das gesamte Wissens- und Bildungsgut geben soll. An der großen *Encyclopédie* (seit 1751) arbeiten die tüchtigsten Fachleute Frankreichs mit. Einendes Band ist das Streben nach möglichst klarer und deutlicher Kennzeichnung der einzelnen Sachverhalte. Die mathematischen Beiträge, größtenteils von D'ALEMBERT und CONDORCET stammend, geben einen ausgezeichneten Überblick über den Stand des damaligen Wissens, allerdings in einem Augenblick stürmischer Weiterentwicklung. Vorübergehend zählt zu DIDEROTs Mitarbeitern auch ROUSSEAU, dessen Erziehungsroman *Émile* (1762) unerhörten Widerhall findet.

Geistesverwandt mit den Encyclopädisten ist J. É. MONTUCLA (1725—1799), Verfasser einer sorgfältig gearbeiteten Geschichte der Kreisquadratur (1754) und der für ihre Zeit ausgezeichneten Mathematikgeschichte (1758). Weniger bedeutend ist der von dem Jesuiten BOSSUT, dem verdienstvollen Herausgeber PASCALscher Schriften (1779), stammende mathematikgeschichtliche Abriß für die *Encyclopédie* (1784, erweitert 1802, 1810). Der Fortschrittsglaube der führenden Persönlichkeiten der französischen Revolution spiegelt sich besonders deutlich in CONDORCETs *Esquisse* (1794 u. ö.) wieder.

In Deutschland wird der Übergang zur Aufklärung mit der Gründung der preußischen Universität Halle (1694) angebahnt, von der mächtiger Antrieb zur Umgestaltung des mathematischen Hochschulunterrichtes ausgeht. An der neuen Bildungsstätte wirken nebeneinander der stark von LOCKE beeinflußte Jurist THOMASIUS und sein Gegenspieler, der Pietist FRANCKE, Gründer und langjähriger Leiter des berühmten *Pädagogiums* (seit 1696), ferner auf Empfehlung LEIBNIZ' hin seit 1707 CHR. WOLF (1679—1754) als Mathematiker, seit 1709 auch als Philosoph. Nur anfangs von LEIBNIZ stark beeindruckt, jedoch seinem Wesen nach Eklektiker und typischer Aufklärungsphilosoph, gewinnt WOLF mit vielbenutzten Einführungswerken (1710, 1713) und dem Lexikon (1716) — alles Schriften der ersten Halleschen Periode — entscheidenden Einfluß auf den mathematischen Unterricht an den deutschen evangelischen Hochschulen, später auch an den katholischen, vor allem seit der Aufhebung des Jesuiten-Ordens (1773). Den Anhängern des bis dahin an den deutschen Hochschulen herrschenden autoritativen Lehrbetriebs wegen der ausschließlichen Verwendung der deduktiven rationalen Methode und des unablässigen Eintretens für Freiheit von Forschung und Lehre aufs Äußerste verhaßt, muß WOLF 1723 aus Halle weichen. Er wird im hessischen Marburg freundlich aufgenommen und 1740 nach der Thronbesteigung FRIEDRICHS des Großen nach Halle zurückberufen, 1743 zum Kanzler der Universität bestellt und 1745 in den Reichsfreiherrnstand erhoben. Als Mathematiker ist WOLF im wesentlichen nachschaffend, nicht schöpferisch tätig.

Auf den Unterricht an den evangelischen höheren Schulen Deutschlands nimmt L. CHR. STURM mit seinem vielverwendeten Einführungswerk seit 1707 großen Einfluß. Der schon 1708 unternommene Versuch des evangelischen Predigers SEMLER, in Halle für den Handwerker-Nachwuchs eine Realschule (im Grunde eine Berufsschule) zu gründen, scheitert nach wenigen Jahren, ebenso die Wiederholung (1739). Bestand hat die von dem Pastor HECKER, der SEMLERS Schule kannte, in Berlin (1747) eingerichtete „ökonomisch-mathematische Realschule", eine in mehrere Abteilungen gegliederte Fachschule.

Mit Halle tritt alsbald die Hannoversche Landesuniversität Göttingen in Konkurrenz, 1734 nach den Plänen des von LOCKE beeinflußten Freiherrn v. MÜNCHHAUSEN eingerichtet und mit einer wohlausgestatteten Bibliothek verbunden. Hier lehrt zunächst SEGNER, dem wir gute Einführungswerke (1747, 1757/68) verdanken. Ihm folgt 1753 KÄSTNER, Verfasser der vielbenutzten und für ihre Zeit beachtlichen Anfangsgründe der Mathematik (1753/66) und der Geschichte der Mathematik (1796/1800) — einer zwar unausgeglichenen und mit den Mängeln eines Alterswerkes behafteten, jedoch in ihrer Eigenart noch heute interessanten Darstellung. Auch die Braunschweiger Hochschule, das *Collegium Carolinum* (1745), wird im Geiste der englischen Empiristen aufgebaut. In Bützow, wohin die Rostocker Universität (1760/89) verlegt wird, setzt sich die Aufklärung ebenfalls durch. Hier wirkt KARSTEN, dessen Unterrichtswerke (1767/77, 1780) in erfolgreiche Konkurrenz zu den vorgenannten treten. In der vielbewunderten Dessauer höheren Schule, dem von BASEDOW 1774 eröffneten und geschickt geleiteten *Philanthropinum*, werden bereits ROUSSEAUS Gedanken zur Erziehung berücksichtigt. Auch die mathematischen Grundbegriffe werden gelehrt, und zwar unter besonderer Betonung der Anschauung (TRAPP, BUSSE) und mit dem Ziel, die Schüler zum richtigen Verständnis des Lehrstoffs zu bringen. Die neuzeitliche Pädagogik des mathematischen Grundschulunterrichtes beginnt freilich erst mit PESTALOZZI.

Auf die zahlreichen im Zeitalter der Aufklärung üblichen älteren und hinzukommenden neueren Rechenbücher kann nur mehr streifend eingegangen werden. Im Operativen stellen sich nur geringfügige Fortschritte ein. Die an den Standesschulen des Spätbarock und der Aufklärung, den Ritterakademien und Militärschulen, beliebten Einführungswerke von CLAUSBERG (1732), LA CAILLE (1741), BÉZOUT (1764/69 und 1770/72), BONNYCASTLE (1780) und LEMOINE (1790) sind durchaus beachtlich. Nebenher sei auf die von GERSTEN (*PT* **39**, 1735), von HAHN (1774) und von J. H. MÜLLER (1783, Beschreibung 1786) ersonnenen Rechenmaschinen hingewiesen.

Die Unterweisung in Elementargeometrie folgt in den traditionsgebundenen Schulen dem EUKLIDischen Lehrgang, und zwar zumeist in der Landessprache, in zweckmäßiger Umgestaltung und Verkürzung der Beweise und mit erläuternden Beifügungen. Diese Form der Darbietung herrscht vor allem in England, wo die ausgezeichnete Bearbeitung von SIMSON (seit 1756) großen Erfolg hat. Hingegen ist EUKLID aus dem Unterrichtsbetrieb in Frankreich fast völlig verbannt. Hier setzt sich CLAIRAUTS Einführung (1741) durch, während BERTRANDS Lehrgang (1778) nur verhältnismäßig wenig Widerhall findet. Das Beste in dieser Art gibt LEGENDRE (seit 1794). Freilich ist auch hier das von LA CHAPELLE (1746) und dann von D'ALEMBERT (*Enc. méthod.*) geforderte genetische und doch auch systematisch einwandfreie Vorgehen nicht voll erreicht.

Aus der reichen Zahl elementargeometrischer Einzeluntersuchungen seien nur die wichtigsten hervorgehoben. Die Studien über quadrierbare Kreisbogenzweiecke (DAN. BERNOULLI: 1724; erweitert von CRAMER: *HMB* 4, 1748; WALLENIUS: 1761; EULER: *NCP* **16**, 1771) werden von dem jüngeren CLAIRAUT (1731) auf Figuren zwischen Kegelschnittbögen ausgedehnt. MAUPERTUIS (*HMP* 1727; dann MEISTER: *Novi comm. soc. Göttingen* 1769/70) handelt vom Abrollen regelmäßiger Vielecke auf einander, NAUDÉ (*MB* **3**, **5**, **7**; 1727, 37, 43) vom Beweis für die Inhaltsformel des Sehnenvierecks (s. I, S. 123) und von der Kennzeichnung von Dreiecken aus drei passenden Bestimmungsstücken. STEWART (1746) und SIMPSON (1752) geben wertvolle Sammlungen interessanter Lehrsätze, CHAPPLE (*Misc. curiosa math.* **2**, 1746 ?) und EULER (*NCP* **11**, 1765) stellen die Beziehung $d^2 = r(r - 2\varrho)$ am Dreieck auf, FUSS (*NAP* **13**, 1795/96) die entsprechende am bizentrischen Viereck. Weiteres über merkwürdige Punkte und Gerade am Dreieck bringt EULER (*NCP* **11**, 1765). Figurenteilungen gibt TOB. MAYER (Mskr. 1751, von WILKE 1757 plagiierend veröffentlicht). CRAMERS durch Weiterbildung aus PAPPOS entstandenes Problem (1742): in einen gegebenen Kreis ein Dreieck durch drei gegebene Punkte einzubeschreiben, findet zahlreiche Lösungen (CASTILLON / LAGRANGE: *NMB* 1776; EULER / FUSS / LEXELL: *AP* **4**, 1780); die schönste mit Erweiterung auf ein n-Eck stammt von dem damals 16-jährigen A. GIORDANO (1785; Druck *Mem. mat.*

fis. soc. Ital. sc. [= *MSI*] **4**, 1788, dort auch MALFATTIS Lösung). Die Konstruktionen vermittels des Lineals und eines festen Kreises werden von LAMBERT (1774), die vermittels des Zirkels allein von MASCHERONI (1797 ohne Kenntnis von MOHR, 1672) behandelt. Von EULER stammt die interessante Königsberger Brückenaufgabe (*CP* **8**, 1736), der Polyedersatz (*NCP* **4**, 1752/53 ohne Kenntnis des Vorgängers DESCARTES) und die Frage, auf wieviele Arten ein konvexes Vieleck durch Diagonalen in Dreiecke zerlegt werden kann (unzulänglich von SEGNER behandelt, dessen Lösung von EULER in den *NCP* **7**, 1758/59 berichtigt wird).

Die Trigonometrie, früher nur Hilfswissenschaft, entwickelt sich nunmehr zu einer selbständigen mathematischen Disziplin. Gute Zusammenfassungen (OPPEL 1746, SIMPSON 1748) werden überholt durch EULERS formal vorzügliche Behandlung der ebenen Geometrie (*Introd.* 1748), an die sich der Aufbau der sphärischen Trigonometrie unter Auffassung der Größtkreise als geodätische Linien (*HMB* **9**, 1753), die trigonometrische Bestimmung der regelmäßigen Körper (*AP* **2**, 1778) und die allgemeine sphärische Trigonometrie (*AP* **3**, 1779) anschließen. LAMBERT (1765/70) legt großes Gewicht auf Näherungsformeln und Umformungen vermittels der Hyperbelfunktionen, die schon durch V. RICCATI (1757) folgerichtig eingeführt worden waren. Der Übergang von der sphärischen zur ebenen Trigonometrie wird von LAMBERT (1765) und LEGENDRE (*HMP* 1787) durchgeführt. Weitere Einzelbeiträge verdankt man LEXELL (*NCP* **19/20**, 1774/75; *AP* **5/6**, 1781/82), FUSS (*NAP* **2**, **10**; 1784, 92), SCHUBERT (*NAP* **3/4**, 1785/86) und L'HUILIER (1799). Eine vorzügliche Zusammenfassung des damals Bekannten gibt Cagnoli (1786). Schließlich vermag Lagrange (*JEP* 6, 1798/99) das trigonometrische Lehrgebäude durch ausschließliche Rückführung auf den Cosinus-Satz einheitlich zu gestalten. Zu erwähnen sind noch die Tafelwerke von Lambert (1770), Schulze (1778), Hutton (1785), Vega (1783, 1794) und Callet (1795).

Algebraisches ist fester Bestandteil der mathematischen Unterweisung an den höheren und hohen Schulen. Die früher genannten umfassenderen Einführungswerke enthalten ausnahmslos auch einen algebraischen Lehrgang. Dazu treten wertvolle selbständige Einführungswerke. Die Darstellungen von Saunderson (1740), Simpson (1745) und Maclaurin (1748) werden nicht nur in England geschätzt. Revolutionierend wirkt die heuristisch aufgebaute Einführung Clairauts (1746), in der die Algebra als Symbolsprache aufgefaßt wird, wie später von Condillac (1798) und Condorcet (1799). Noch stärkere Wirkung hat Eulers außerordentlich ansprechend geschriebene Anleitung zur Algebra (1770); besonders wertvoll sind die Ausgaben mit den Zusätzen Lagranges zur unbestimmten Analytik (seit 1774). In diesen Schriften steht vor allem der algorithmische Gesichtspunkt im Vordergrund. Grundfragen, wie etwa der Unterschied zwischen Vorzeichen und Operationszeichen, die systematische Erweiterung des Zahlbegriffs usw., werden kaum berührt und müssen von den Lernenden gefühlsmäßig aufgenommen werden. Es fehlt nicht an Kritikern, die diesen Mangel im Aufbau des Lehrgebäudes erkennen, wohl aber an schöpferischen Persönlichkeiten, die einen Ausweg aus dieser Situation finden.

Die wissenschaftlichen Fortschritte stehen in weniger verbreiteten Einzelschriften und sind in den zahlreich vorhandenen Zeitschriften zerstreut. Zunächst geht es im Zusammenhang mit Integrationsproblemen um die zweckmäßigste Zerlegung in Partialbrüche (MOIVRE: 1730; EULER: 1748; FUSS: *AP* **1**, 1777; EULER: *AP* **4**, 1780), weiterhin um den Beweis der DESCARTESschen Zeichenregel (GUA: *HMP* 1741; LAGRANGE: *NMB* 1777), um das Eliminationsproblem (GUA: 1740; CRAMER: 1750; EULER: 1748; *HMB* **4**, **20**, 1748, 1764) und um die hieraus hervorgehende Auflösung linearer Gleichungssysteme unter Verwendung determinantenartiger Ausdrücke (CRAMER: 1750; BÉZOUT: *HMP* 1764 + 1779; VANDERMONDE: *HMP* 1772; LAPLACE: *HMP* 1772; LAGRANGE: *NMB* 1773). Die zunächst rein formale Darstellung von Gleichungslösungen in komplexer Form führt EULER (*MB* **7**, 1743) zu der Vermutung, daß sich jede Gleichung mit reellen Koeffizienten auf reellem Wege in Linear- und Quadratfaktoren mit reellen Koeffizienten zerlegen läßt. Hieran knüpft D'ALEMBERT (*HMB* **2**, 1746) einen beachtlichen Beweisversuch für den Fundamentalsatz der Algebra, der von GAUSS (1799) diskutiert und an der entscheidenden Stelle ergänzt wird. Jetzt wird auch erstmals festgestellt, daß die elementaren Funktionen komplexer Argumente komplex sind (Beweisversuche von EULER: *HMB* **5**, 1749; FONCENEX: *MT* **1**, 1759; LAGRANGE: *NMB* 1772). Schon KÜHN (*NCP* **3**, 1750/51) versucht die Multiplikationsregeln für reelle und imaginäre Zahlen geometrisch zu erklären. Eine brauchbare Darstellung der komplexen Zahlen in der Ebene, von der die tiefergehende Behandlung des Gegenstandes abhängt, erscheint erst bei WESSEL (Druck 1799), ohne jedoch beachtet zu werden. GAUSS, der seit 1796 Gleichwertiges besitzt, läßt es 1799 bei Andeutungen bewenden und tritt erst 1831 (*Götting. gelehrte Anz.*) mit einer genaueren Darstellung hervor.

Im Ringen um die allgemeine algorithmische Auflösung höherer Gleichungen werden zunächst die Gleichungen dritten und vierten Grades eingehend studiert (EULER: *CP* **6**, 1732/33 u.ö., Resolventenbildung; BÉZOUT: *HMP* 1762; WARING: 1762; LAGRANGE: *NMB* 1770/71; VANDERMONDE: *HMP* 1771; MALFATTI: *Atti Ac. Siena* 1771; MALLET: 1782). Bei der anschließenden Untersuchung der Gleichungen fünften Grades findet MALFATTI (*Atti Ac. Siena* 1771) die Resolvente sechsten Grades; BRING leistet (1786) die Transformation auf die Normalform $x^5+px+q=0$. Schließlich werden Gleichungstypen gefunden, die in Radikalform auflösbar sind (BÉZOUT: *HMP* 1762, 1765; G.-FR. FAGNANO: 1770; EULER: 1776, Druck *NAP* **6**, 1788). Auch die Kreisteilungsgleichungen werden untersucht (EULER: *CP* **13**, 1741/43; VANDERMONDE: *HMP* 1771). Diese Ergebnisse sind Ausgangspunkt für GAUSS' Entdeckung der Konstruierbarkeit des regelmäßigen 17-Ecks mit Zirkel und Lineal (1796). Die beste Zusammenfassung des bis dahin Erreichten stammt von LAGRANGE (*NMB* 1770/71), der bereits ernstlich an der algorithmischen Auflösbarkeit allgemeiner höherer Gleichungen zweifelt, das Lösungsgefüge auch im Fall $n > 4$ richtig überblickt und durch Einführung halbsymmetrischer Funktionen usw. die Ansätze von RUFFINI (1799: Beweisversuch für die Nichtauflösbarkeit der Gleichung fünften Grades), ABEL (1824; *Crelles Journ.* **1**, 1826: Nichtauflösbarkeit der allgemeinen Gleichung fünften Grades) und GALOIS (seit 1829: Grundgedanken der Gruppentheorie) vorbereitet.

Die sog. NEWTONschen Formeln zur Ermittlung der Potenzsummen s_k der Gleichungslösungen (Erstdruck 1707, dort nur für $k < n$) werden von EULER (*CP* 7, 1734/35) bei Bestimmung des seit mehr als 80 Jahren vergeblich gesuchten Ausdrucks für $\Sigma\, 1 : k^2$ verwendet. Beweise für die NEWTONschen Formeln liefern BÄRMANN (1745) und KÄSTNER (1757, Druck in den *Diss. math. phys. Soc. sc. Göttingen* 1771). Die Formeln für $k \geqq n$ stammen von MACLAURIN (Druck 1748), neue Herleitungen von EULER (1747; Druck *Opusc.* II, 1750). Die independenten Formeln und die Rückführung jeder anderen symmetrischen Wurzelfunktion auf Potenzsummen erscheinen bei WARING (1762).

Numerisch zweckmäßig ist die trigonometrische Behandlung der quadratischen Gleichung (HALLEY in KERSEY ²1733; SIMPSON 1748; DIONIS DU SÉJOUR 1786; CAGNOLI 1786); CAGNOLI meistert auf diesem Wege auch die Gleichungen dritten und vierten Grades (letzteres: *MSI* 7, 1794). Außerdem wird die Methode der rekurrenten Reihen angewendet (DAN. BERNOULLI: *CP* **3**, 1728; EULER 1748; LAGRANGE 1798), ferner die Kombination mit den Potenzsummen der Gleichungslösungen (LAMBERT: *Acta Helvetica* **3**, 1758; LAGRANGE: 1798), iterierte Ansätze für trinomische Gleichungen (LAMBERT: *Acta Helv.* **3**, 1758) und deren Weiterbildung (LAGRANGE: *HMB* **24/25**, 1770/71; LAMBERT: *NMB* 1770; EULER: *AP* **3**, 1779 u. ö.), außerdem die Verwendung der Gleichungen, deren Lösungen die Quadrate der Wurzeldifferenzen der Ausgangsgleichung sind (WARING: *PT* **53**, 1763) und die Kettenbruchmethode (LAGRANGE: *HMB* **23/24**, 1767/68; 1794/95; 1798). Auf SEGNER (*NCP* **7**, 1758/59) geht die graphische Darstellung von Formeln höheren Grades vermittels passend gezogener Geraden zurück, die zur Auffindung eines günstigen Anfangswertes für anzunähernde Gleichungslösungen dienen kann. ROWING (*PT* **60**, 1770) baut dieses Verfahren instrumental aus.

Viele der hier berührten Gegenstände überschreiten bereits das elementare Gebiet und leiten zu Fragen über, die nur mehr den höchstqualifizierten Spezialisten der damaligen Zeit zugänglich sind.

2. Führende Persönlichkeiten auf dem Festland

Die führenden Mathematiker der Aufklärung sind entscheidend beeinflußt von JOH. BERNOULLI und seiner Schule, die in EULER ihren vielbewunderten Bannerträger sieht. L. EULER (1707—1783) ist der älteste Sohn des Landpfarrers PAUL EULER, der sich während seiner Studienzeit für Mathematisches interessiert und deshalb bei JAK. BERNOULLI gehört hatte. Der geweckte Knabe erhält den Anfangsunterricht beim Vater; dann darf er das (damals in schlechtem Zustand befindliche) Basler Gymnasium besuchen und ist nebenher Privatschüler BURCKHARDTS. EULER bezieht 1720 die Basler Universität und macht als Mithörer von DAN. und NIKL. II. BERNOULLI bei JOH. BERNOULLI rasche Fortschritte. Er wird 1721 *bacc.*, 1723 *mag. art.*, befreundet sich mit JOH. BERNOULLIS Sohn, JOH. II. BERNOULLI, bricht das zuerst vorgesehene theologische Studium zugunsten des ausschließlich mathematischen ab und behandelt schon 1725 (Druck: *AE* 1727) sehr elegant die algebraischen reziproken Trajektorien.

Seiner Jugend halber nicht als Bewerber für die freigewordene Basler Physik-Professur zugelassen (1727), folgt EULER der Einladung NIKL. II. BER-

NOULLIS und DAN. BERNOULLIS, die seit 1727 an der (1725 gegründeten) Petersburger Akademie wirken, und kommt dort mit dem weitgereisten Ostpreußen GOLDBACH in Berührung, der 1725 mit HERMANN nach Petersburg übergesiedelt ist und 1742 zum russischen Staatsminister aufsteigt. EULER erhält 1730 die Akademie-Professur für Physik und 1733 als Nachfolger DAN. BERNOULLIS, der nach Basel zurückgeht, die Akademie-Professur für Mathematik.

Die ersten wissenschaftlichen Arbeiten EULERS in Petersburg entstammen ganz dem Gedankenkreis der BERNOULLIschen Schule. Das Wertvollste ist die richtungweisende Mechanik (1736). Um diese Zeit entsteht auch das ausgezeichnete Rechenbuch (Druck 1738/40) für das mit der Akademie verbundene Gymnasium — eine Musterschule, an der EULER als Examinator und KRAFFT (bis 1744 in Petersburg) als Lehrer wirkt, der für diese Schule eine interessante Elementargeometrie schreibt (1740) und später (1753) eine historisch wertvolle Übersicht über elementare Methoden der höheren Geometrie gibt.

In der Petersburger Akademie stehen zunächst Reihensummierungen im Vordergrund. GOLDBACH (*CP* 2, 1727) formt Reihen durch gliedweisen Vergleich um, DAN. BERNOULLI (*CP* 3, 1728) verwendet rekurrente Reihen zur näherungsweisen Auflösung von Gleichungen. EULER stellt (*CP* 5, 1730/31) Reihenglieder durch bestimmte Integrale dar, verwendet $\int_0^1 x^p (1-x)^n \, dx$ (B-Funktion) und $\int_0^1 x^p e^{-x} \, dx$ (Γ-Funktion) bei phantasievollen Interpolationen durch Übergang von ganzen positiven zu gebrochenen Argumenten p und bedient sich der Differentiation nach gebrochenem Index. Unabhängig von STIRLING, der 1730 vermittels $\sum_{k=n}^{\infty} 1 : k^2 = \sum_{k=1}^{\infty} \frac{1}{k^2} : \binom{n+k-1}{k}$ und $n = 13$ zu 8, dann zu 17 richtigen Dezimalen von $\sum_{k=1}^{\infty} 1 : k^2$ kommt, gelangt EULER durch kühne Verallgemeinerungen zum Summenwert $\pi^2 : 6$. JOH. BERNOULLI errät das Vorgehen EULERs auf Grund des Ergebnisses (*Op.* IV, 1742); dieser selbst verwendet außerdem (brieflich 1737, Druck: *Journ. litt. d'Allemagne* 2, 1743) die Beziehung $\pi^2 : 8 = \int_0^1 arc\ sin\ x\, dx : \sqrt{1 - x^2}$. NIKL. I. BERNOULLI (*CP* **10**, 1738) gibt einen numerischen Beweis aus der LEIBNIZ-Reihe unter Verwendung eines weiteren Spezialfalles der EULER-Transformation (s. S. 12) und vereinfacht ihn später (Aufz. von 1750). Schon 1730 ist eine Studie EULERs über geodätische Linien auf einer Fläche in Raumkoordinaten entstanden (*CP* **3**, 1728).

Durch GOLDBACH, den Autor der bekannten zahlentheoretischen Vermutung (Brief an EULER vom 7. VI. 1742), auf FERMATs zahlentheoretische Ergebnisse hingewiesen, findet EULER, daß nicht alle Zahlen der Form $2^p + 1$ (mit $p = 2^q$) Primzahlen sind; Gegenbeispiel: $q = 5$ (*CP* **6**, 1732/33). EULER befaßt sich mit der Gleichung $x^2 - py^2 = 1$ (*CP* **6**), beweist den kleinen FERMATschen Satz $a^{p-1} \equiv 1\ (mod.\ p)$ (*CP* 8, 1736) und die ganzzahlige Unmöglichkeit von $a^4 + b^4 = c^2$ (*CP* **10**, 1738). Gleichzeitig findet er die nach ihm benannte Summenformel für semikonvergente Reihen (*CP* **6**; Beweis: *CP* 8; unabhängig auch bei MACLAURIN, 1742), bestimmt bei Untersuchung der harmonischen

Reihe die EULERsche Konstante $\frac{1}{1}+\frac{1}{2}+\frac{1}{3}+\ldots+\frac{1}{n}-$ $-\ln(n+1)$ (*CP* 7, 1734/35 + 8, 1736) und entwickelt mehrere Methoden zur näherungsweisen Berechnung von π durch Reihen (*CP* **9**, **11**, **12**; 1737, 1739, 1740), darunter auch die durch Anwendung des Additionstheorems der Arcustangens-Funktion.

Um die nämliche Zeit beginnen die Studien über Kettenbrüche, aus denen sogleich die Irrationalität von e und e^2 hervorgeht (*CP* **9**, **11**, 1737, 1739), über unendliche Produkte (*CP* **11**) und über das isoperimetrische Problem (*CP* **6**, 1732/33 + 8, 1736). Fast alle großen Ergebnisse der späteren Zeit sind in den Petersburger Jahren keimhaft angelegt. EULER wendet sich bewußt von der in England noch eifrig gepflegten synthetischen Methode ab und ersetzt sie durch die analytische. Trotz dieser Erfolge, die EULER zu einer Berühmtheit machen, wird der Aufenthalt in Petersburg infolge kleinlichen Verhaltens des Direktoriums unerfreulich. Deshalb geht EULER 1741 nach Berlin und wird 1745 Direktor der mathematischen Klasse an der Akademie.

Zum Freundeskreis der BERNOULLIs gehört auch CLAIRAUT, der hochbegabte Sohn eines Pariser Mathematikers. A. CL. CLAIRAUT (1713—1765) studiert mit neun Jahren das Werk GUISNÉES (1705), mit zehn Jahren L'HOSPITALs Kegelschnitte (1707), dann die *Analyse* (1696). Er legt 1726 der *Ac. sc.* eine Studie über Kurven vierter Ordnung vor (Druck: *MB* 4, 1734) und arbeitet über Raumkurven und Flächen. 1731 erscheint in den *HMP* eine Studie über die Schwerpunktbestimmung räumlicher Gebilde und die schon 1729 abgeschlossene Abhandlung über Raumkurven, die dem 18-jährigen unter Umgehung der durch die

Satzungen vorgesehenen Altersgrenze die Mitgliedschaft in der *Ac. sc.* verschafft. Fast gleichzeitig handelt auch JAK. HERMANN von Flächengleichungen (*CP* 6, 1732/33).

Die *HMP* 1733 bringen CLAIRAUTS Sätze über Flächenkurven mit Extremeigenschaften und über geodätische Linien auf Drehflächen, die *HMP* 1734 Untersuchungen über singuläre Lösungen von Kurvensystemen, die durch Differentialgleichungen gegeben sind. Aus dieser Zeit stammt die enge Verbindung mit MAUPERTUIS, der 1729 zusammen mit KÖNIG bei JOH. BERNOULLI studiert hatte und im Herbst 1734 zusammen mit CLAIRAUT nach Basel reist, um dort Vorbereitungen für die Expedition nach Lappland (1736/37) zu besprechen. Sie bringt den Entscheid über die Form des Erdellipsoids zugunsten der Newtonianer gegen die Cartesianer. In den *HMP* 1739 handelt CLAIRAUT vom integrierenden Faktor und beweist das „Axiom" NIKL. I. BERNOULLIS (1721), daß $\frac{\partial^2 z}{\partial x\,\partial y} = \frac{\partial^2 z}{\partial y\,\partial x}$. 1740 beschäftigt er sich mit homogenen Funktionen. Die wissenschaftliche Auswertung der skandinavischen Expedition führt ihn (*HMP* 1739) zur Untersuchung geodätischer Linien auf fast sphärischen Drehflächen, 1743 zur Behandlung der Erdgestalt (Niveauflächen einer Kräftefunktion, erster Ansatz zur Potentialtheorie), 1752/54 zur Aufstellung einer brauchbaren Mondtheorie. Außerordentlichen Anklang finden die schon erwähnten Einführungen in die Geometrie (1741) und Algebra (1746).

MAUPERTUIS, der seit 1731 mit FRIEDRICH dem Großen korrespondiert, wird nach dessen Thronbesteigung zum Präsidenten der reformbedürftigen

Akademie bestellt. Die geplante Umgestaltung setzt jedoch erst nach Abschluß der beiden schlesischen Kriege (1745) ein. EULER hat gerade (1744) die Variationsrechnung durch zweckmäßige Verwendung der partiellen Integration (EULERsche Gleichung) auf neue Grundlage gestellt. Gleich MAUPERTUIS, der für 1777 als Preisaufgabe der Akademie eine Darstellung und Kritik der Monadenlehre fordert, ist er Gegner der LEIBNIZschen Philosophie. Er kennt sie jedoch nur oberflächlich aus zweiter Hand und sucht sie durch schon damals überholte primitiv-mechanistische Schlüsse in dilettantischer Weise zu widerlegen (1746, trotz allgemeinen Widerspruchs manches 1768 wiederholt). EULER übernimmt (*Opusc.* I, 1746) die Verteidigung des von MAUPERTUIS ausgesprochenen Prinzips der kleinsten Wirkung, auf das dieser einen Gottesbeweis aufbauen will (*HMB* 2, 1746; 1750) und ergreift des Präsidenten Partei gegen die kritischen Einwände KÖNIGS (*NAE* III 1751), der überdies das Auftreten des MAUPERTUISschen Prinzips in einem (nur in Abschrift erhaltenen) Brief LEIBNIZ' (an einen unbekannten Empfänger) vom 16. X. 1707 bemerkt. EULER erklärt den Text für unterschoben (*HMB* 6, 1750); KÖNIG setzt sich in einem *Appel au public* (1752) zur Wehr, und durch VOLTAIREs Spottgeschichte vom Dr. Akakia (1752) wird MAUPERTUIS, aber auch EULER dem Gelächter Europas preisgegeben. Vergeblich sucht EULER (1753) die Situation zu retten. MAUPERTUIS erkrankt und zieht sich 1756 zurück; der Präsidentenstuhl bleibt unbesetzt. EULER übernimmt die Verwaltung der Akademie, kann jedoch kein persönliches Verhältnis zum König gewinnen, der im Grunde gegen die Mathematik voreingenommen ist und sie nur aus Nützlichkeitsgründen gelten läßt. Nach

Beendigung des siebenjährigen Krieges trägt der König D'ALEMBERT die Präsidentschaft an. Dieser verzichtet jedoch mit Rücksicht auf EULER, der die Berufung einiger Schweizer an die Akademie durchsetzt, darunter die des genialen, aber mit der akademischen Konvention in keiner Weise vertrauten LAMBERT (1764). Durch schroffes Verhalten FRIEDRICHS vor den Kopf gestoßen, folgt EULER 1766 einem verlockenden Ruf KATHARINAS II. nach Petersburg.

Während des Berliner Aufenthalts entstehen die großen Lehrbücher EULERS, spannend zu lesen, geschickt dargestellt und in vielen Auflagen verbreitet. Mit ihnen erst setzt die Popularisierung der Infinitesimalmethoden ein. Die zweibändige *Introductio* (1745, Druck: 1748) eröffnet den Reigen. Der erste Band beginnt mit der algebraischen Analysis einschließlich der Lehre von den Zahlenreihen, Potenzreihen, rekurrenten Reihen und Kettenbrüchen. Jetzt erst wird das Logarithmieren als zweite Umkehrung des Potenzierens eingeführt. Die exponentielle und die logarithmische Reihe werden aus der binomischen durch Grenzübergang gewonnen; die trigonometrischen Funktionen werden nicht mehr als Strecken, sondern als Streckenverhältnisse erklärt. Sehr rasch folgen die EULERsche Identität, die zyklometrischen Reihen, die reelle Zusammenfassung konjugiert komplexer Funktionen und die Darstellung ganzer Funktionen als unendliche Produkte. Großen Wert legt EULER auf rasch konvergente Entwicklungen. Der zweite Band enthält die analytische Geometrie der Ebene einschließlich der Kurvendiskussion und einer gedrängten Übersicht über algebraische und transzendente Kurven. Dazu tritt die analytische Geometrie des Raumes einschließlich der Lehre von den Flächen zweiter Ordnung und der Behandlung von Raumkurven als Durchschnitt projizierender Zylinder.

Die Differentialrechnung (1748, Druck: 1755) ist im Grundlegenden (die Differentiale werden als Nullen erklärt) unbefriedigend, jedoch im Algorithmischen hervorragend. Sie enthält z. B. die EULERsche Reihentransformation, die rekursive Darstellung der BERNOULLIschen Zahlen, die Reihenumkehrung, die Behandlung unbestimmter Ausdrücke und die Lehre von der Interpolation. In der dreibändigen Integralrechnung (1763, Druck: 1768/70) wird das Integrieren als Umkehrung des Differentiierens erklärt; die Summendefinition fehlt. Nun folgt die formale Integrationstechnik der rationalen, irrationalen und elementaren transzendenten Funktionen, hierauf die Behandlung von Differentialgleichungen der ersten und höherer Ordnung durch Trennen der Veränderlichen, durch Anwendung integrierender Faktoren und durch Reihenentwicklung. An die Behandlung singulärer Lösungen schließt sich einiges über totale Differentialgleichungen, über Variationsrechnung, über die Differentialgleichung der elliptischen Integrale und über transzendente Funktionen wie den Integral-Logarithmus an.

Die mathematische Forscherarbeit bringt vor allem die Beweise für zahlentheoretische Sätze FERMATS, auf Wegen freilich, die nicht jene FERMATS waren. Höchstleistungen sind die Beweise für die Darstellbarkeit von Primzahlen der Form $4n + 1 = a^2 + b^2$ (*NCP* **1**, **3**, **5**; 1747/48, 1750/51, 1754/55), die Bestimmung ganzzahliger Lösungspaare von $x^2 - py^2 = 1$ (1759; Druck: *NCP* **11**, 1765) und der Unmöglichkeitsbeweis für $a^3 + b^3 = c^3$ (1759; Druck: *NCP* 8, 1760/61). Dazu treten die trigonometrische Interpolation (*MB* **7**, 1743 u. ö.), die Lösung von Differentialgleichungen durch Reihen und durch bestimmte Integrale mit Parametern; dann folgen die tiefgründigen Arbeiten über elliptische Integrale (seit 1754, bis zu den Additionstheoremen der drei Gattungen führend). Außerdem wird die Saitenschwingung behandelt (*HMB* **4**, **9**; 1748, 1753 im Widerstreit mit D'ALEMBERT, *HMB* **3**, **6**; 1747, 1750 und DAN. BERNOULLI, *HMB* **9**), die Aufstellung der Formeln für die Drehung eines starren Körpers (*HMB* **14**, 1758), die Reihenentwicklung der Differentialgleichung der Zylinderfunktionen (1761; Druck: *NCP* **10**, 1764), ferner die Lösung partieller Differentialgleichungen (seit 1762) und die Gesamtheit der Krümmungsradien der Normalschnitte einer Fläche (1763; *HMB* **16**, 1760). Hingegen versagt EULER bei der formalen Behandlung divergenter Reihen, die er durch unzulässige Entwicklung aus geschlossenen Ausdrücken herstellt. Die berechtigten Einwände von DAN. BERNOULLI und NIKL. I. BERNOULLI (brieflich 1741/43) bleiben unberücksichtigt, weil EULER die durch unzulässige Schlüsse erhaltenen, jedoch zumeist richtigen Ergebnisse durch verschiedenartige Ansätze kontrolliert und daher wenigstens gefühlsmäßig als einwandfrei erkennt.

Kurz nach der Übersiedelung nach Petersburg erblindet EULER, der schon 1735 das rechte Auge eingebüßt hatte, am grauen Star. Er findet in seinem ältesten Sohn JOH. ALBRECHT EULER und vor allem (seit 1773) in dem jungen Basler N. FUSS (Schüler DAN. BERNOULLIS und zukünftiger Schwiegerenkel EULERS) selbstlose und treue Helfer. Diese ermöglichen dem bereits legendär gewordenen Greis die Redaktion zahlreicher weiterer wissenschaftlicher Arbeiten, davon rund 250 rein mathematischer. Das erste nach der Erblindung diktierte Werk ist die schon erwähnte Anleitung zur Algebra (1767, Drucke seit 1768). Die dort angeführten, größtenteils nur individuell zu behandelnden unbestimmten Aufgaben werden von EULER durch zahlreiche schwierigere Probleme ähnlichen Charakters ergänzt. Dazu tritt das Reziprozitätsgesetz für Quadratreste (1772; *Opusc. anal.* I, 1783) und die Aufstellung der *numeri idonei* (seit 1778). 1777 entdeckt EULER die Gleichwertigkeit der BROUNCKERschen Kettenbruchentwicklung für $4:\pi$ mit der LEIBNIZ-Reihe (*NAP* **2**, 1784). Fast gleichzeitig stößt er auf FOURIER-Reihen (*NAP* **11**, 1793) und entwickelt hieraus eine neue Bestimmung von $\Sigma 1 : k^2$ (*Opusc. anal.* I, 1783). Seit 1768 (*NCP* **14**, 1769) behandelt EULER Doppelintegrale und nimmt 1771 (*NCP* **16**) LAGRANGES Variationsmethode auf. 1775 beschäftigt er sich in Zusammenhang mit LAMBERTS kartographischen Untersuchungen (*Beyträge* III, 1772) mit der flächentreuen und winkeltreuen Abbildung der Kugeloberfläche auf die Ebene (*AP* **1**, 1777).

Schon JOH. BERNOULLI (*Op.* III, 1742) hatte rektifizierbare Kurven auf der Kugeloberfläche gesucht. EULER behandelt den nämlichen Gegenstand 1770 (*NCP* **15**, 1770). 1771 ermittelt er rektifizierbare Kurven auf dem Drehkegel (*AP* **5**, 1781) und auf Drehflächen zweiter Ordnung (*NAP* **3**, 1785), ferner bogengleiche algebraische Kurven (*NAP* **4**, 1786) und solche, die zur Parabel bzw. Ellipse bogengleich sind (*NAP* **5**, 1787). Dazu treten 1770 im Zusammenhang mit partiellen Differentialgleichungen Studien über Kanal- und Gesimsflächen (*NCP* **14**, 1769) und über abwickelbare Flächen (*NCP* **16**, 1771) und 1775 solche über differentialgeometrische Grundeigenschaften von Raumkurven (*AP* 6, 1782). In zierlicher Weise bestimmt EULER 1777 die Ellipsen durch vier bzw. drei gegebene Punkte, die größte Fläche umschließen (*NAP* 9, 1791) und beschäftigt sich 1782 kurz vor seinem plötzlichen Tod mit orthogonalen Flächenscharen (*MP* 7, 1815/16).

EULERs Verdienste liegen vor allem auf algorithmischem Gebiet, nicht auf grundsätzlichem. Bei der Fülle und Reichhaltigkeit von Methoden, die ihm zu Gebote stehen, gelangt er trotz kühner und anfechtbarer Schlußweisen zu bemerkenswerten Ergebnissen, die größtenteils erst im 19. Jh. streng bewiesen werden. Zwar trügt die Hoffnung auf die Auflösbarkeit höherer Gleichungen durch Radikale, aber EULER findet wenigstens (1776) interessante Gleichungsfamilien, die durch Radikale aufgelöst werden können. Erstaunlicher ist das Festhalten an JOH. BERNOULLIs Funktionsbegriff, beschränkt auf den Bereich der durch ausschließliche Anwendung von Operationszeichen gekennzeichneten Funktionen. Hier versagt EULER dicht vor dem Ziel (FOURIER-Reihen). Unglücklich ist die Gleichsetzung der Differentiale mit Null und die Definition des Integrals durch Umkehren des Differentiierens; mangels der Summendefinition ist auch der Weg zum Verständnis von Linienintegralen und dergl. versperrt. Andererseits bereitet EULER den Sieg der analytischen Betrachtungsweise über die an allzu Gegenständliches gebundene synthetische vor und eröffnet den Nachfolgern den Zugang zu einem Wirkungsfeld von ungeahnter Weite.

Bedeutendes auf theoretischem wie auf praktischem Gebiet hat auch LAMBERT geschaffen. Der Mülhausener

J. H. LAMBERT (1728—1777) stammt aus einer hugenottischen Emigrantenfamilie. Der Vater ist ein armer Schneider. Der junge LAMBERT zeichnet sich schon in der Stadtschule aus, kann aber aus Geldmangel nicht studieren und bildet sich, gleichzeitig Gehilfe seines Vaters, aus zufällig erhaltenen Büchern. Später als Buchhalter, dann als Privatsekretär, hierauf als Hauslehrer (1748/58) tätig, macht er zahlreiche praktische Erfindungen (z. B. Perspektograph: Mskr. 1752) und arbeitet (ähnlich wie der 1725/31 am Petersburger Gymnasium tätige Leibnizianer BILFINGER) an einer algebraischen Logik (Druck 1764 + 1771). Die ausgezeichnete Perspektive (1759), die auch den Bedürfnissen der Praktiker Rechnung trägt (Konstruktionen bei ungünstiger Lage), bedeutet einen erheblichen Fortschritt über das bis dahin führende Werk TAYLORs (überarbeitete Auflagen von 1749, 1755, 1757). LAMBERTs Werk wird bereits 1766 von ZANOTTI berücksichtigt. In den von LAMBERT 1774 beigefügten Zusätzen finden sich die Konstruktionen mit dem Lineal und einem festen Kreis, ferner historische Notizen, die von MONTUCLAs Mathematikgeschichte (1758) beeinflußt sind. 1761 erscheint die von der KANTschen Theorie (1755) unabhängige, jedoch mit dieser in den (schon 1748 von LAMBERT entwickelten) Grundgedanken verwandte Kosmologie.

Im Briefwechsel 1765/66 wird das Unendlichkleine im Gegensatz zu EULER als eine reine Fiktion bezeichnet. Zwei Jahre später beweist LAMBERT (*HMB* 1761, Druck: 1768) durch Kettenbruchentwicklung, daß e^x und $tg\ x$ für rationale x irrational ist. Daraus folgt mit $x = \pi : 4$ auch die Irrationalität von π. In den *Beyträgen* I (1765) finden sich methodisch beachtliche Gedanken zur Trigonometrie. Die Grundformeln des rechtwinkligen sphärischen Dreiecks werden in Weiterbildung von Methoden Viètes und Nepers (s. I, S. 116) unter Vorwegnahme gruppentheoretischer Gesichtspunkte aus einer einzigen am *pentagramma mirificum* erklärt.

1766 entsteht die Theorie der Parallellinien (Druck: *Mag. M.* 1786). Hier wird auf Flächen konstanten Krümmungsmaßes $\neq 0$ die Existenz eines absoluten Längenmaßes und die Proportionalität des Flächeninhaltes zum Exzess bzw. Defekt festgestellt. Lambert vermutet, daß der Geometrie auf der Kugel eine entsprechende auf einer „imaginären Kugel" gegenübersteht. 1769 stellt Lambert den trigonometrischen Funktionen die hyperbolischen als gleichwertig zur Seite und verwendet sie zur Darstellung imaginärer Größen (*HMB* 1768; Druck: 1770) und berechnet eine kleine Tafel der hyperbolischen Funktionen (1770).

In den Beiträgen zur Gleichungslehre von 1768 (*HMB* 1763; Druck: 1770) äußert Lambert ernstliche Zweifel an der algorithmischen Auflösbarkeit höherer Gleichungen. Er entwickelt die trigonometrischen Grundformeln der Vierecklehre (*Beyträge* II), befaßt sich mit Wahrscheinlichkeitsfragen (*NMB* 1771) und handelt (*Beyträge* III) von der stereographischen Projektion und vom Interpolationsproblem und gibt rasch konvergente Entwicklungen für elliptische Integrale. Lambert strebt schon seit 1762 nach größtmöglicher Strenge bei Behandlung infinitesimaler Fragen (Druck: *Mag. M.* 1788), stößt jedoch bei den meisten Zeitgenossen auf Unverständnis. Für ihn steht bei theoretischen Untersuchungen die praktische Anwendbarkeit im Vordergrund.

An Ideenfülle und Gestaltungskraft wird EULER von keinem der gleichzeitigen Fachleute erreicht, jedoch im Grundsätzlichen und in der Strenge der Gedankenführung wesentlich von dem genialen LAGRANGE übertroffen. J. L. LAGRANGE (1736—1813) ist der Sohn eines Turiner Intendanturbeamten französischer Abstammung, der durch gewagte Spekulationen schwere Verluste erleidet und seinen Erstgeborenen dem einträglichen Anwaltsberuf zuführen will. Dieser gewinnt in der höheren Schule bei REVELLI Geschmack an der Geometrie, wendet sich ganz zur Mathematik und arbeitet die gerade im Druck zugänglichen Werke von JOH. BERNOULLI (1742), JAK. BERNOULLI (1744), NEWTON (1744), den Briefwechsel LEIBNIZ' mit JOH. BERNOULLI (1745) und die Originalschriften von LEIBNIZ und EULER durch. Er tritt mit G. C. FAGNANO (1754) und EULER (1755) in Briefwechsel und erhält schon mit 19 Jahren einen Lehrauftrag an der Turiner Artillerie-Schule.

LAGRANGE ist Mitbegründer der Turiner Akademie (1757), in deren *Misc.* (= *MT*) seine ersten Arbeiten erscheinen. In Band 1 (1759) werden die Extreme von Funktionen mehrerer Veränderlicher behandelt, ferner lineare Differentialgleichungen und das Problem der transversal schwingenden Saite. Band 2 (1760/61) enthält die grundlegende Arbeit über Variationsrechnung (Anwendung der δ-Methode, brieflich schon 1755 an EULER gegeben), ferner Anwendungsbeispiele, die Differentialgleichung der Minimalflächen und der abwickelbaren Flächen und eine Studie über das Prinzip der kleinsten Wirkung. Dazu treten Reihenentwicklungen zur Integration gewöhnlicher linearer und einfacher partieller Differentialgleichungen und eine grundsätzliche Betrachtung über Infinitesimalprozesse: Diese sind nur dann zulässig, wenn sich die begangenen Fehler beim Grenzübergang ausgleichen. In Band **3** (1762/65) finden sich Näherungsmethoden zur Auflösung von Differentialgleichungen und Betrachtungen über simultane Systeme und totale Differentialgleichungen; in Band **4** (1766/69) wird die Methode der Variationsrechnung formal verbessert. Bei Untersuchung linearer Differentialgleichungen höherer Ordnung wird die adjungierte Differentialgleichung aufgestellt und bei der formalen Auflösung die Variation der Konstanten verwendet. Bei Behandlung der EULERschen Differentialgleichung der elliptischen Integrale vermeidet LAGRANGE den integrierenden Faktor. Ferner gibt er den ersten strengen Beweis für die Kettenbruchlösung von $x^2 - py^2 = 1$. Band **5** (1770/73) enthält interessante Studien über Beobachtungsfehler.

Folge der unerhörten geistigen Anstrengung bei der Redaktion der Jugendarbeiten ist ein 1761 auftretendes Leiden, das neurasthenische Anfälle nach sich zieht und nur durch streng geregelte Lebensführung kompensiert werden kann. Die Turiner Verhältnisse sind unbefriedigend; so tritt LAGRANGE — seit 1757 korrespondierendes Mitglied der Berliner Akademie — 1766 die Nachfolgerschaft EULERS an. In Berlin entstehen die großen algebraischen Arbeiten: Die numerische Auflösung (einschl. der Kettenbruchmethode) in den *HMB* **23/25** (1767/69; zusammengefaßt 1798) wird ergänzt durch die Studien zur algebraischen Auflösung unter Vorbereitung gruppentheoretischer Gesichtspunkte (*NMB* 1770/77; mitverwendet in der 1797 von LACROIX besorgten Neuausgabe der CLAIRAUTschen Algebra). Dazu kommt die Behandlung der Gleichung $x^2 - py^2 = q$ durch Kettenbrüche und die Kennzeichnung der Teiler von $ax^2 + bxy + cy^2$. In Erweiterung des LAMBERTschen Näherungsverfahrens zur Auflösung trinomischer Gleichungen entsteht LAGRANGES Umkehrformel allgemeiner Funktionen (*HMB* **24**, 1768; auf kombinatorischem Wege erwiesen von ROTHE, *Arch. M.* **1**, 1794). Weiterhin entsteht der symbolische Differentiations- und Integrationskalkül und die Methode zur Auffindung versteckter Perioden, ferner eine Notiz über das Wesen der Infinitesimalprozesse, aus der hervorgeht, daß LAGRANGE an seiner früheren Erklärung zu zweifeln beginnt (*NMB* 1772). Der nächste Band der *NMB* enthält die Transformation vielfacher Integrale und die Darstellung der kennzeichnenden Größen eines Vierflachs aus den 6 Kanten, weiter die Einführung krummliniger Koordinaten. Dann folgt die Theorie der singulären Lösungen von gewöhnlichen Differentialgleichungen mit Ausblicken auf Entsprechendes bei partiellen Differentialgleichungen (*NMB* 1774) und die Auflösung der Gleichung $tg\, y = \frac{1+m}{1-m}\, tg\, x$ in der Form $y = x + m \sin 2x + \frac{1}{2} m^2 \sin 4x + \frac{1}{3} m^3 \sin 6x + \cdots$ (1774, Druck *NMB* 1776). In den *NMB* 1775 ist von Wahrscheinlichkeitsproblemen, von kennzeichnenden partiellen Differentialgleichungen zweiter Ordnung für physikalische Probleme und von rekurrenten Reihen die Rede. Ein hierbei unterlaufenes Versehen wird von MALFATTI (*MSI* **3**, 1786/87) festgestellt und von LAGRANGE (*NMB* 1792/93) verbessert. Die *NMB* 1779 enthalten weitere Studien über partielle Differentialgleichungen und über die Abbildungen der Kugeloberfläche auf die Ebene. Für

1784 stellt die Berliner Akademie auf Veranlassung LAGRANGES eine Preisaufgabe über das Wesen des Unendlichen. Den Preis erhält L'HUILIER (1786) mit einer wohlabgewogenen Darstellung, die den Grenzübergang in den Mittelpunkt der Erörterung stellt. In ähnlicher Richtung äußert sich auch CARNOT (nicht vorgelegt, erst 1797 veröffentlicht). Ins gleiche Jahr 1784 fällt die Behandlung des arithmetisch-geometrischen Mittels durch LAGRANGE (*Mém. T.* (2) 2, 1784/85).

Nach FRIEDRICHS des Großen Tod (1786) geht LAGRANGE als Pensionär der *Ac. sc.* nach Paris (1787), läßt sich in Frankreich naturalisieren und die epochemachende Mechanik (1788) erscheinen. Hier finden sich die allgemeinen Bewegungsgleichungen, hergeleitet nach dem D'ALEMBERTschen Prinzip (1743), ferner Reihenentwicklungen zur Lösung von $\frac{\partial^2 \varphi}{\partial x^2} + \frac{\partial^2 \varphi}{\partial y^2} + \frac{\partial^2 \varphi}{\partial z^2} = 0$. Eine weitere Schrift beschäftigt sich mit dem Dreikörperproblem (1788). 1790/91 ist LAGRANGE an der Kommission für die Neuordnung der Maße und Gewichte beteiligt, veröffentlicht in den *NMB* 1792/93 die LAGRANGEsche Interpolationsformel, beschäftigt sich jedoch erst seit 1795, wo er für kurze Zeit an der neu eingerichteten *École Normale* lehrt (Vorlesungen gedruckt 1812) und als führendes Mitglied in das neu gegründete *Institut de France* eintritt, wieder intensiver mit Mathematik. Seit 1797 wirkt LAGRANGE an der *École Polytechnique.* Er versucht die Infinitesimalprozesse in Zusammenhang mit der TAYLORschen Entwicklung, deren Restglied er genauer untersucht, rein algebraisch zu behandeln (1797 + 1799), gibt 1801 Abschließendes über singuläre Lösungen von Differentialgleichungen und hebt im Vorwort zur zweiten Auflage der Mechanik (1808) den heuristischen Wert infinitesimaler Betrachtungen hervor.

Mit überragender innerer Anschauungskraft begabt, wird MONGE zum Schöpfer der darstellenden Geometrie, stellt die analytische Geometrie des Raumes und die Differentialgeometrie auf neue Grundlage und verschmilzt die analytischen und geometrischen Methoden bei Behandlung partieller Differentialgleichungen. G. MONGE (1746—1818) ist der hochbegabte älteste Sohn eines fleißigen Scherenschleifers und Handelsmannes piemontesischer Herkunft. Von den Oratorianern seiner Vaterstadt Beaune liebevoll ausgebildet, wirkt er auf deren Empfehlung hin im Lyoner Kolleg der Oratorianer als Physiklehrer (1762/64), will jedoch nicht in den Orden eintreten. An der Pionier-Schule in Mézières wird er aus Standesgründen nicht als Offizier-Anwärter, sondern als Werkmeister ausgebildet. Durch neuartige Befestigungsentwürfe erregt er Aufsehen, wird zunächst neben BOSSUT Repetitor, dann 1768 als dessen Nachfolger Professor der Mathematik in Mézières. Dort trägt er als erfolgreicher Lehrer auch über darstellende Geometrie vor, deren Methoden er in genialer Weiterbildung der Anfänge bei DERAND (1634), JOUSSE (1642) und der schon weiter vorangeschrittenen Darstellung bei FRÉZIER (1737/39 + 1760) entwickelt, jedoch aus militärischen Gründen bis 1794 unveröffentlicht lassen muß. Zu diesem Zeitpunkt gibt er die meisterhaften Vorträge an der *École Normale* (*Géom. descr.*) und an der von ihm gegründeten und geleiteten *École Polytechnique* (*Feuilles*) in Druck.

Schon seit 1768 arbeitet MONGE über Variationsprobleme im Sinne EULERS und LAGRANGES (einiges gedruckt in den *Mém. T.* 5, 1770/73), behandelt seit 1771 (Druck: *MSP* **10**, 1785) die Grundprobleme der analytischen Raumgeometrie und stößt bis zu den nach PLÜCKER (*PT* **155**, 1865) benannten metrischen Linienkoordinaten vor. Gleichzeitig entwickelt er die Grundzüge der Differentialgeometrie der Raumkurven, der mit ihnen verbundenen abwickelbaren Flächen und Evoluten. Im Geiste MONGES ist die differentialgeometrische Studie (1771; Druck: *MSP* 9, 1780) seines ältesten Schülers (1769/71) und wissenschaftlichen Freundes TINSEAU gehalten, in der u. a. die Schmiegungsebene einer Raumkurve, die Tangentialebene an eine Fläche und der Tangentenkegel aus einem Punkt an die Fläche auftritt. Im Winter 1771/72 legt MONGE der *Ac. sc.* zwei (damals ungedruckte) Abhandlungen über spezielle lineare partielle Differentialgleichungen erster Ordnung vor, die er durch willkürliche (auch „unstetige", d. h. in verschiedenen Bereichen durch verschiedenartige Ausdrücke dargestellte) Funktionen löst und mit der Bestimmung der Fläche einer Familie durch eine vorgegebene Kurve in Beziehung setzt. 1772 folgen weitere Beispiele (Druck *Mém. T.* 5, 1770/73; *MSP* 7, 1776), 1773 ein verlorenes umfangreiches Mskr. über Determinanten, 1774 die Behandlung von Funktionalgleichungen (Druck: *MSP* 9), 1775 (Druck: *MSP* 9) eine Studie über abwickelbare Flächen und deren charakteristische Streifen zwischen benachbarten Erzeugenden und über Grenzen von Schatten und Halbschatten bei Beleuchtung eines Körpers durch einen leuchtenden Körper, 1776 (Druck: *HMP* 9) Ergebnisse über Krümmungslinien und Brennflächen. Sie werden ergänzt durch die Abhandlung von MEUSNIER (MONGES Schüler 1774/75) über die Normalkrümmung einer Flächenkurve (1776; Druck: *MSP* **10**, 1785), über das Schmiegungsparaboloid und über Minimalflächen (nebst den ersten Beispielen).

Seit 1772 ist MONGE korrespondierendes Mitglied der *Ac. sc.* und tritt 1780 in die *Ac. sc.* ein, übt jedoch gleichzeitig auch die Professur in Mézières aus und führt nebenher in Paris den fast mittellosen LACROIX (1781/82) in Privatunterweisung in die analytischen und infinitesimalen Methoden ein. Dieser übernimmt in die oft aufgelegten Teile seines *Cours* (seit 1795) viele der MONGEschen Grundvorstellungen. 1783 wird MONGE als Nachfolger BÉZOUTs Examinator der Seekadetten. Er arbeitet längere Zeit fast ausschließlich auf physikalischem und chemischem Gebiet. Erst 1785/86 legt er der *Ac. sc.* wieder neue mathematische Abhandlungen vor (Druck: *HMP* 1784 + *Mém. T.* (2) **1**, 1784/85). Sie enthalten die Rückführung der linearen partiellen Differentialgleichungen erster Ordnung auf simultane Systeme, leisten die Rückführung nicht linearer auf lineare Gleichungen, behandeln auch partielle Differentialgleichungen höherer Ordnung und geben Beispiele für Berührungstransformationen. Dazu tritt eine durch LAGRANGES Aufsätze angeregte Studie über die singulären Lösungen von Differentialgleichungen und vor allem über die durch die Gleichung $y - px = f(p)$ dargestellte Geradenschar.

Mit Leidenschaft kämpft MONGE während der Französischen Revolution gegen das *ancien régime*, fungiert vorübergehend 1793/94 als Marineminister, organisiert zusammen mit seinem ehemaligen Schüler (1771/73) CARNOT die *Levée en masse* (1794), wird 1796 in offizieller Mission des *Directoire* mit NAPOLÉON bekannt und nimmt 1798/99 an der ägyptischen Expedition teil. Durch den Ersten Konsul wird er in den Senat berufen und mit Ehren überhäuft, jedoch nach NAPOLÉONS Sturz 1816 aus der *Ac. sc.* ausgeschlossen und stirbt 1818 nach langem Leiden.

In den *Feuilles* von 1794/95 und ihren zahlreichen erweiterten Ausgaben, an denen vor allem MONGES Schüler HACHETTE beteiligt ist, sind die meisten Studien zur Differentialgeometrie und Flächentheorie einheitlich zusammengefaßt. Jetzt erst erscheint die Methode der Charakteristiken zur Auflösung partieller Differentialgleichungen und die Aufstellung der Krümmungslinien des dreiachsigen Ellipsoids. Hingegen verschwindet die Verwendung der Linienkoordinaten mit der dritten Auflage (1807), wohl aus didaktischen Gründen. Auf hübsche kleinere Beiträge MONGES im *Journ.* (= *JEP*) und der *Corresp. de l'Éc. Polyt.* kann nur mehr streifend verwiesen werden. Unter ihnen befindet sich im *JEP* **15**, 1809 eine Studie, worin die Dreieck- und Tetraederformel in cartesischen Koordinaten auftritt und das Vorzeichen richtig beurteilt wird.

Auch die Lehre von den geometrischen Transformationen beginnt mit MONGE. Es handelt sich um eine ungedruckte Darstellung (etwa 1790) der Polaren eines Punktes im Raum hinsichtlich zweier Geraden und (*Géom. descr.*) um die Beziehung zwischen den reziproken Polaren hinsichtlich eines Drehparaboloids. Aus den Vorlesungen an der *Éc. Polyt.* stammt der Satz, daß sich die Potenzlinien von drei Kreisen in einem Punkt schneiden (Bericht von PONCELET, 1822). Was MONGE sonst noch in persönlichem Verkehr an Anregungen auf diesem Gebiet gegeben hat, wissen wir nicht. Mit seinen tiefgründigen Arbeiten schafft er die Grundlagen für die Weiterentwicklung der geometrischen Methoden in modernem Sinn, die schon mit den Studien seiner Schüler BRIANCHON (*JEP* 13, 1806: BRIANCHON-Sechsseit) und PONCELET (1822) beginnt.

Während MONGES wissenschaftliche Hauptleistung noch ins *ancien régime* fällt und nur die Veröffentlichung und deren Auswirkungen in die Revolutionsjahre hinübergreift, gehört das schöpferische Lebenswerk von LAPLACE und LEGENDRE nur mehr zum kleineren Teil dem zu Ende gehenden Rokoko an.

P. S. LAPLACE (1749—1827) stammt aus einer wohlbegüterten normannischen Adelsfamilie, studiert seit 1765 in Caen, lehrt seit 1772 an der Pariser Militär-Akademie und zählt dort 1784/85 NAPOLÉON zu seinen Schülern. Er versagt als kurzfristiger Innenminister (1795) unter dem Konsulat, wird trotzdem von NAPOLÉON mit Ehren überhäuft, tritt jedoch 1813 auf die Seite LUDWIGS XVIII. und wird von diesem 1817 zum Pair von Frankreich erhoben.

Auf mathematischem Gebiet beschäftigt sich LAPLACE vor allem mit Fragen der Wahrscheinlichkeit (*HMP* 1774 u. ö.; *MSP* **6**, 1775 u. ö.; zusammengefaßt 1812 u. ö.). Er setzt sich eingehend mit den Ansichten von DAN. BERNOULLI (*CP* 1730/31 u. ö.: mathematische und moralische Erwartung, Petersburger Aufgabe; *HMP* 1760 u. ö.: Anwendung infinitesimaler Methoden in der Wahrscheinlichkeitsrechnung) und D'ALEMBERTS Zweifeln an der bisherigen Auffassung (*Enc.* 1754 u. ö.) auseinander, vor allem auch mit BAYES (*PT* **53**/**54**; 1763/64), der bei sehr häufigem Eintreten (p mal) und Ausbleiben (q mal) eines Ereignisses durch den Ausdruck $\frac{2}{\sqrt{\pi}}\int\limits_0^u e^{-u^2}du$ die Wahrscheinlichkeit dafür bestimmt, daß die Wahrscheinlichkeit des Eintretens in einem neuen Fall zwischen den Grenzen $\frac{p}{p+q}\left\{1 \pm u\cdot\sqrt{\frac{2q}{p(p+q)}}\right\}$ liegt. Dies führt LAPLACE zur Verwendung rekurrenter Reihen bei Wahrscheinlichkeitsbetrachtungen (*MSP* 6, 1774), zur Bestimmung von $\int\limits_0^\infty e^{-u^2}\,du$ (*HMP* 1779) und zu wertvollen Ergebnissen bei der Summierung von Differenzengleichungen (*HMP* 1779). Wichtiges trägt LAPLACE auch zur Behandlung von partiellen Differentialgleichungen bei (Kaskadenmethode: *HMP* 1773 + *MSP* 6, 1774), behandelt die LAGRANGEsche Gleichung $\frac{\partial^2\varphi}{\partial x^2}+\frac{\partial^2\varphi}{\partial y^2}+\frac{\partial^2\varphi}{\partial z^2}=0$ durch Verwendung von Kugelfunktionen (*HMP* 1782/83) und geht bei dieser Gelegenheit auch auf die Bestimmung von Zahlenwerten ein, die durch Multiplikation von sehr vielen in großen Zahlen ausgedrückten Brüchen entstehen. Beachtlich sind die elementaren Einführungsvorlesungen an der *École Normale* (1794/95, Druck: *JEP* 2, 1812). LAPLACEs Hauptwerk ist die *Méc. céleste* (1799/1825), aus jahrzehntelangen Studien über astronomische Einzelfragen (seit 1773) erwachsen. Dort findet sich z. B. die Entwicklung von Funktionen nach Kugelfunktionen, die Behandlung konfokaler Flächen zweiter Ordnung und vieles andere mathematisch Interessante.

A. M. LEGENDRE (1752—1833) wird am *Collège Mazarin* erzogen. Er lehrt dank D'ALEMBERTS Fürsprache 1775/80 neben LAPLACE an der Pariser Militär-Akademie, wird 1783 in die *Ac. sc.* aufgenommen, 1787 mit geodätischen Aufgaben betraut, tritt 1791 in die Kommission zur Neuordnung der Maße und Gewichte ein, lehrt seit 1795 an der *École Normale* und wird 1799 als LAPLACEs Nachfolger Examinator an der *Éc. Polyt.*

LEGENDRE untersucht 1784 die nach ihm benannten Polynome und verwendet sie zur Funktionsdarstellung (*HMP* 1784, 1789; *MSP* **10**, 1785), entdeckt das Reziprozitätsgesetz der quadratischen Reste (*HMP* 1785, unabhängig von EULER) und drückt es später (1797/98) in der LEGENDREschen Symbolik aus. Er führt (*HMP* 1786) in die Variationsrechnung die zweite Variation ein und kennzeichnet starke Extrema, behandelt (*HMP* 1787) partielle Differentialgleichungen unter Anwendung der LEGENDREschen Berührungstransformation und geodätische Linien auf Drehflächen zweiter Ordnung und lehrt im Zusammenhang mit tiefgreifenden, wenn auch noch nicht ganz erfolgreichen Studien zum Parallelenaxiom die näherungsweise Berechnung beinahe ebener sphärischer Dreiecke unter Beibehaltung der Seiten, indem jeder Winkel um $\frac{1}{3}$ des Exzesses verringert wird. In den *HMP* 1786 macht LEGENDRE die Rektifikation des Hyperbelbogens (ähnlich wie LANDEN, *PT* **61**, 1771, dessen Arbeiten er damals noch nicht kannte) von jener zweier Ellipsenbögen abhängig und bestätigt durch seine eigene Behandlungsweise die Richtigkeit der LANDENschen Transformation elliptischer Integrale (*PT* **65**, 775; wiederholt 1780) und die Bestimmung umfangsgleicher Ellipsen (Halbachsen der einen: a, b; der andern: $b \pm e$). Daß dieses Ergebnis samt der zweckmäßigen Berechnung des Ellipsenumfangs durch Iteration schon JOH. BERNOULLI gehört (s. S. 16), war in Vergessenheit geraten. 1792 (Druck 1794) entsteht die große Arbeit LEGENDREs über elliptische Transzendente (im Ausland erst durch die Wiederholung von 1811 bekannt). Sie enthält die Systematik der Integrale $\int \Re\,[x, \sqrt{f_4(x)}\,]\,dx$, die Unterscheidung in die drei Gattungen, deren gegenseitige Wechselbeziehungen, die Additions-, Multiplikations- und Teilungsformeln.

In den vielgelesenen Elementen der Geometrie (1794 und sehr oft) strebt LEGENDRE in Abkehr von der genetischen Methode, jedoch unter Mitverwendung algebraischer Schlußweisen die Rückwendung zu EUKLID an, ist nicht unbeeinflußt von SIMSON, trägt jedoch den methodischen Wünschen der im Grundsätzlichen tieferblickenden Zeitgenossen, wie D'ALEMBERT, zu wenig Rechnung. In Anhängen sind Einzelfragen behandelt, so der Satz von LEXELL (*AP* 1781_{I}), daß die Spitzen aller flächengleichen sphärischen Dreiecke über der nämlichen Grundlinie auf einem parallelen Kleinkreis zu dieser liegen, ferner die durch Anwendung algebraischer Hilfsmittel sehr einfach gestaltete Lehre vom Sehnenviereck, außerdem ein Irrationalitätsbeweis für π und π^2 durch Kettenbruchentwicklung, der eine bei LAMBERT vorhandene Lücke schließt.

LEGENDREs Zahlentheorie (seit 1797/98) enthält die (nicht ganz richtige) Vermutung, daß die Primzahlen bis zu n etwa $n : (ln\, n - 1{,}08366)$ an Zahl sind, ferner einen nicht sehr methodischen, jedoch inhaltsreichen Überblick über die einschlägigen Ergebnisse der älteren Schule. Die (ohne Begründung gegebene) Darstellung der Ausgleichungsrechnung nach der

Methode der kleinsten Quadrate (1805) liegt später als das Auftreten bei GAUSS (seit 1795, gedruckt 1809). Die zahlreichen Beiträge zur Integralrechnung (1811/1817) und zur Theorie der elliptischen Integrale (1825/1832) bringen mancherlei neue Gesichtspunkte, sind jedoch in erster Linie als vorzügliche Zusammenfassungen der im 18. Jh. entwickelten Theorien anzusehen.

Die Revolution beendet zwar in Frankreich das *ancien régime*, nicht aber die aufklärerischen Tendenzen. Diese verstärken sich während der Revolution und im NAPOLÉONischen Zeitalter noch weiter. Sie finden ihren Ausdruck in der LAPLACEschen Vorstellung vom mechanistischen Ablauf des Weltgeschehens (1814). Nunmehr entwickeln sich aus den vielgestaltigen Ansätzen neue und umfassendere Theorien, und insofern stellt die Französische Revolution auch in der Mathematik einen bedeutsamen Wendepunkt dar.

3. Nachlese

Ergänzend sollen noch einige mathematisch interessante Gebiete in der Aufklärungszeit behandelt werden, die weniger stark als das Bisherige im Mittelpunkt der Gesamtdiskussion stehen.

Zunächst sei auf die Weiterbildung der NEWTONschen „organischen" Kurvenerzeugung durch sich drehende starre Winkel hingewiesen. MACLAURIN (*PT* **30**, 1719; dann 1720) ermittelt auf rein geometrischem Wege die Höchstzahl $\frac{1}{2}(n-1)(n-2)$ der möglichen Doppelpunkte einer Kurve $n$ter Ordnung, bestimmt diese aus $\frac{1}{2}n(n+3)$ Punkten und weiß, daß sich eine C_m und eine C_n in mn Punkten schneiden. Ferner findet MACLAURIN den inzwischen in Vergessenheit geratenen PASCALschen Lehrsatz wieder auf und handelt systematisch von Fußpunktkurven. BRAIKENRIDGE (1726; Druck: 1733), der MACLAURINS Schriften nicht kennt, ersetzt die Winkel durch Gerade. Er dreht z. B. die Geraden a, b, c bzw. um die festen Punkte A, B, C so, daß $b \times c$ und $c \times a$ vorgeschriebene Kurven beschreiben, und untersucht den Ort des Punktes $a \times b$. Die ausgezeichneten allgemeinen Sätze MACLAURINS (seit 1721) über allgemeine Durchmesser- und Schnittpunkteigenschaften erscheinen erst als Beigaben zur nachgelassenen Algebra (1748).

Beachtlich sind die Bemerkungen von MAUPERTUIS (*HMP* 1729) über die Art, wie sich Wendepunkte und Spitzen auf einem endlichen Kurvenzweig folgen und wie sie durch Zusammenrücken zu höheren Singularitäten führen. BRAGELONGE (*HMP* 1730/32) fügt einiges über gerade und krummlinige Asymptoten hinzu und unternimmt eine (nur aus einem kurzen Bericht bekannte) gestaltliche Einteilung der Kurven vierter Ordnung. GUA (1740) bildet das analytische Parallelogramm NEWTONS zum Dreieck um, kann auf diesem Wege auch unendlichferne Kurvensingularitäten kennzeichnen, beschränkt sich jedoch fast ausschließlich auf die Verwendung der achsengeometrischen Methode von DESCARTES und erwähnt die differentialgeometrische Art der Kurvendiskussion nur nebenher. AGNESI gibt in ihrem sehr fleißigen Unterrichtswerk (1748), das die damals bekannten algebraischen und infinitesimalen Methoden mit großer Sorgfalt darlegt, neben zahlreichen Beispielen zur differentiellen Kurvengeometrie auch solche über algebraische Kurven. Die beste Zusammenfassung über algebraische Kurven mit eingehender Darstellung und Diskussion aller bis 1740 erzielten Ergebnisse ist die *Introduction* (1750) CRAMERS, der unzutreffende Bemerkungen GUAS über Singularitäten (Schnabelspitze) berichtigt, die Reihenentwicklung der Zweige durchführt, die Krümmungsverhältnisse heranzieht und besonders eindringlich auf das CRAMERsche Paradoxon über die Zahl der Bestimmungspunkte der Kurven $n$ter Ordnung hinweist. DIONIS DU SÉJOUR und GOUDIN fassen 1756 das Bisherige erneut zusammen. Mit der hinzugefügten Bemerkung, daß an eine Kurve $n$ter Ordnung höchstens $n(n-1)$ Tangenten der nämlichen Richtung möglich sind, bereiten sie den Klassenbegriff vor (PONCELET, *Ann. math.* 1818).

WARING stellt (1762) eigenartige Extremwertsätze an algebraischen Kurven auf, entdeckt die Invarianz der Ordnung bei Projektion und prägt den Begriff der Fläche $n$ter Ordnung. Weiterhin bemerkt er, keine algebraische Kurve mit Oval ohne Doppelpunkt könne allgemein durch elementare Funktionen quadriert werden. Aus der weniger originellen Zusammenfassung von V. RICCATI-SALADINI (1765/67) sind in erster Linie die wohlausgedachten Beispiele zur Anwendung der Infinitesimalrechnung auf ebene Kurven hervorzuheben. Für spezielle Kurven muß wiederum auf LORIA (seit 1902) verwiesen werden.

Anschließend seien einige Lehrbücher der Infinitesimalmathematik aufgezählt, die sich zwar nicht mit jenen EULERS oder LAGRANGES messen können, jedoch als gediegene Fachwerke sehr beliebt waren. Neben die oben genannten Zusammenfassungen von AGNESI (1748) und V. RICCATI-SALADINI (1765/67) treten die von Leseur-Jacquier (1768), Cousin (1777), Vega (1782) und Wydra (1783).

Eine interessante Einzelheit zur Wahrscheinlichkeitsrechnung hat Buffon (Bericht: *HMP* 1733; ausführlich: 1777) beigetragen: Mit der Frage, welche Wahrscheinlichkeit dafür besteht, daß eine Kreisscheibe ganz in ein Feld eines Quadratgitters hineinfällt, und verwandten Aufgaben (Nadelproblem) wird erstmals das schwierige Gebiet geometrischer Wahrscheinlichkeitsfragen berührt.

In England, wo sich die synthetische Methode am längsten zu halten vermag, werden beachtliche Studien zur Wiederherstellung Apollonischer Schriften unternommen. Auf diesem Gebiet arbeiten Horsley (1770), Lawson (1771), Wales (1772), Simson (Nachlaß 1776) und Burrow (1779). Den Engländern verdankt man auch die Drucklegung der ausgezeichneten Archimedes-Ausgabe aus dem Nachlaß von Torelli (1792).

Eine bemerkenswerte Persönlichkeit ist Ed. Waring (1734—1798), zusammen mit Landen der bedeutendste Mathematiker Englands während der zweiten Hälfte des 18. Jh. 1762 gibt Waring independente Formeln für die Potenzsummen der Gleichungslösungen und stellt aus ihnen alle symmetrischen Wurzelfunktionen dar, grenzt Gleichungslösungen unter Verwendung passender Funktionen der Wurzeldifferenzen ein und nähert sie an, indem er die Gleichung bestimmt, der die Quadrate der Lösungen der ursprünglichen Gleichung genügen, und entsprechend fortfährt (Vorwegnahme des Gedankens der Gräffeschen Methode: 1837/39). Waring ahnt auch die Nichtauflösbarkeit der allgemeinen Gleichung fünften Grades durch Radikale. 1770 spricht er erneut den Erfahrungssatz von GOLDBACH aus, ferner den sog. WILSONschen Satz, daß $(p-1)! \equiv -1 \pmod{p}$ ist, den freilich schon LEIBNIZ kannte und den EULER elegant beweist (*Opusc. anal.* I, 1783). Weiterhin behauptet WARING, daß jede Zahl höchstens Summe von $f(p)$ $p$ten Potenzen ist (erster Beweis von HILBERT, *Math. Ann.* **67**, 1909). WARING handelt außerdem (1776 und *PT* **74**, 1784) von Reihenkonvergenz und Konvergenzbedingungen und teilt bereits 1779 (*PT* **60**) die sog. LAGRANGEsche Interpolationsformel mit, verwendet sie jedoch nicht so vielseitig wie LAGRANGE.

Schließlich sei der eigenartigen kombinatorischen Schule HINDENBURGS gedacht, der (1778/79) von Untersuchungen über den polynomischen Lehrsatz und seiner Ausdehnung auf unendliche Reihen ausgeht. Höhepunkt dieser in unzweckmäßiger Symbolik durchgeführten Studien ist die formale Reihenumkehrung ESCHENBACHS (1789), die erst von ROTHE (1793) einwandfrei gestaltet wird. In Verkennung der Tatsachen glaubt HINDENBURG (1796), die „kombinatorischen“ Operationen als gleichwertig neben die algebraischen und infinitesimalen stellen zu sollen. Die Schule zerfällt jedoch rasch, da ihren Angehörigen weitere Erfolge in einem Augenblick versagt bleiben, da sich die großen französischen Mathematiker auf dem Gipfelpunkt ihrer Produktivität befinden und ihre Ideen in leicht faßlicher und mitreißender Darstellung entwickeln.

Vor allem dem hingebenden Bemühen von LAGRANGE, MONGE, LAPLACE und LEGENDRE, ihrer

Mitarbeiter und Schüler in Forschung und Lehre ist es zu verdanken, daß die Zahl der mathematisch interessierten Persönlichkeiten zunächst in Frankreich, dann in ganz Europa immer größer wird. Die im Gefolge der Französischen Revolution, der zunehmenden Industrialisierung und Technisierung sich vollziehende soziale Umschichtung führt im Zusammenhang mit neuen Gedanken über Art, Bedeutung und Durchführung der Erziehung zu gänzlicher Umgestaltung des Unterrichtswesens. Die Universitätslehrer erhalten volle Lehrfreiheit und bis dahin ungekannte Möglichkeiten der wissenschaftlichen Wirksamkeit, das Fachstudium wird gefördert und ausgebildet. Im Mathematischen vollzieht sich ein grundsätzlicher Auffassungswandel. Von jetzt ab wird größtmögliche Strenge bei Anwendung algorithmischer Methoden und in der Beweisführung, klare, durchsichtige und einfache Bezeichnungsweise, Zurückdrängung rein anschaulicher Überlegungen zugunsten wohlfundierter logischer Schlußweisen und die Herausarbeitung allgemeiner und umfassender Gesichtspunkte angestrebt und langsam auch durchgesetzt.

Ergänzende Literatur:

Fr. Grundel: *Die Mathematik an den deutschen höheren Schulen*, Leipzig 1928/29.

S. F. Lacroix: *Rapport historique sur les progrès des sciences mathématiques depuis 1789 et sur leur état actuel...*, Paris 1810.

N. Nielsen: *Géomètres français du dix-huitième siècle*, Kopenhagen/Paris 1935.

— *Géomètres français sous la Révolution*, Kopenhagen 1927, dän. u. franz.

L. E. Dickson: *History of the theory of numbers*, Washington 1919/23 (3 Bde.), [2]1934.

H. Konen: *Geschichte der Gleichung* $t^2 - Du^2 = 1$, Leipzig 1901.

E. Czuber: *Die Entwicklung der Wahrscheinlichkeitstheorie und ihre Anwendungen*, im *JDMV* 7, 1899.

L. Matthiessen: *Grundzüge der antiken und modernen Algebra der litteralen Gleichungen*, Leipzig 1878, [2]1896.

J. Pierpont: *Zur Geschichte der Gleichungen des 5. Grades*, in den *Monatsh. Math. Phys.* 6, 1895.

Th. Muir: *The theory of determinants in the historical order of its development*, London 1890, [2]1906/11.

F. J. Obenrauch: *Geschichte der darstellenden und projektiven Geometrie*, Brünn 1897.

G. Loria: *Storia delle geometria descrittiva*, Mailand 1921.

— *Curve sghembe speciali algebriche e transcendenti*, Bologna 1925 (2 Bde.).

D. Struik: *Outline of a history of differential geometry*, in *Isis* 19, 1933.

J. L. Coolidge: *A history of geometrical methods*, Oxford 1940.

— *A history of the conic sections and quadrics surfaces*, Oxford 1945.

R. Reiff: *Geschichte der unendlichen Reihen*, Tübingen 1889.

M. Godefroy: *Théorie élémentaire des séries*, Paris 1903.

O. Spiess: *Die Summe der reziproken Quadratzahlen*, in Festschrift A. Speiser, Zürich 1945.

A. Enneper: *Elliptische Funktionen. Theorie und Geschichte*, [2]Halle a. S. 1890, ed. F. Müller.

J. E. Hofmann: *Zur Bestimmung bogengleicher algebraischer Kurven zu Beginn des 18. Jhs.*, im *Österr. Ingenieur-Archiv*, 10, 1956.

A. Brill — M. Noether: *Die Entwicklung der Theorie der algebraischen Funktionen in älterer und neuer Zeit*, im *JDMV* 3, 1892/93.

H. Burckhardt: *Entwicklungen nach oscillierenden Funktionen...*, *JDMV* 10, 1908.

— *Trigonometrische Reihen und Integrale* in der *Enc. Math. Wiss.* II A12.

M. Lécat: *Bibliographie du calcul des variations depuis les originès jusqu'à 1850*, Gent 1916.

A. Kneser: *Das Prinzip der kleinsten Wirkung von Leibniz bis zur Gegenwart*, Leipzig/Berlin 1928.

— *Euler und die Variationsrechnung* in den *Abh. Gesch. math. Wiss.* 25, Leipzig 1907.

Namen- und Schriftenverzeichnis

Dieses Verzeichnis will den Leser in stichpunktartiger Kürze so an die Originalliteratur hinführen, daß die erwähnten Werke ohne allzugroße Mühe in den Katalogen größerer wissenschaftlicher Bibliotheken festgestellt werden können. Grundsätzlich ist unterschieden zwischen Autoren (Mathematiker des 17./18.Jh.) und Literatoren (Verf. von Zweitliteratur). Bei Autoren sind die Lebensdaten, nach Möglichkeit Angaben über Leben und Wirken, Gesamtausgaben und Ausgaben der im Text durch Jahreszahlen gekennzeichneten selbständigen Schriften angeführt; Zeitschriftenaufsätze der Autoren sind nicht im Register, sondern im Haupttext gekennzeichnet (vgl. das Zeitschriftenverzeichnis). Zeitschriftenaufsätze über Autoren nicht mit Titel, sondern durch Angabe der in Kurzform wiedergegebenen Zeitschriften nebst Band und Jahreszahl. Bei Literatoren sind keine Lebensdaten gegeben, auch keine Schrifttitel, sondern nur die Jahreszahlen der Veröffentlichung und die Seitenzahlen der Stellen, an der sich die fraglichen Schriften mit vollem Titel in den Literaturübersichten im Text selbst vorfinden. Stellen mit Kennzeichnung von Leistungen oder Schicksalen öfter erwähnter Autoren sind durch fette Seitenzahlen hervorgehoben.

La Hire, Philippe de (1640–1718): S. 6, 10, 33/34. *Leben u. Wirken:* E. Lehmann, Leipzig 1888/90 (Progr.); R. Taton in d. *Revue d'hist.* **6**, 1953. *Nouvelle méthode en géométrie pour les sections des superficies coniques et cylindriques*, Paris 1673; dazu als spätere Beifügung (von 1674?) *Planiconiques. Nouveaux elemens des sections coniques*, Paris 1679, engl. London 1704. *Sectiones conicae*, Paris 1685.

Lambert, Johann Heinrich (1728 bis 1777): S. 47/48, 51, 58, 61, **62/64**, 67, 76. *Leben u. Wirken:* R. Wolf III (1860). *Monatsbuch*, ed. K. Bopp in d. *Abh. Ak. München* 27, 1915. *Zu Bibliographie und Briefwechsel:* M. Steck in *Forschgen u. Fortschritte* **30**, 1956.
Opera mathematica, ed. A. Speiser, Zürich seit 1946. *Deutscher gelehrter Briefwechsel*, ed. Joh. III. Bernoulli, Berlin 1781/87 (5 Bde.). *Cosmologische Briefe über die Einrichtung des Weltbaues*, Augsburg 1761, frz. Berlin 1770 u. ö., engl. London 1800. *La perspective affranchie de l'embarras du plan géométrical*, Zürich 1759 = *Die freye Perspektive*, Zürich 1759, ^{2}1774, ed. M. Steck, Berlin 1943. *Neues Organon...*, Leipzig 1764. *Beyträge zum Gebrauch der Mathematik*, Berlin 1765/77 (3 Bde.). *Zusätze zu den logarithmisch-trigonometrischen Tabellen...*, Berlin 1770, lat. Lissabon 1798. *Anlage zur Architektonik oder Theorie des Einfachen und Ersten in der philosophischen und mathematischen Erkenntnis*, Riga 1771. *Land- u. Himmelscharten*, dtsch. Leipzig 1894 (*Ostw. Kl.* 54).

Lamy, Bernhard (1640–1715): S. 25. *Nouveaux elemens de géométrie*, Paris 1685 u. ö.

Landen, John (1719–1790): S. 75, 80. *Leben u. Wirken:* H. G. Green – H. J. J. Winter in der *Isis* **35**, 1944. *Mathematical memoirs*, London 1780/1789.

Laplace, Pierre Simon (1749 bis 1827): S. 39, 49, **73/74**, 75, 77, 81. *Leben u. Wirken:* H. Andoyer, Paris 1922. *Abstammung:* G. A. Simon in den *Biometrica* **21**, 1929. *Œuvres*, Paris 1843/47 (7 Bde.), ^{2}1878/1912 (14 Bde.). *Traité de mécanique céleste*, Paris 1799/1825 (5 Bde.), engl. Boston 1829/39. *Théorie analytique des probabilités*, Paris 1812 u. ö. *Essai philosophique des probabilités*, Paris 1814 u. ö; dtsch. Heidelberg 1819, Leipzig 1886; engl. New York 1902.

Lawson, John (18. Jh.): S. 80. *The two books of Apollonius Pergaeus, concerning Tangencies...*, London 1771; dtsche. Bearbeitung von J. W. Camerer, Gotha/Amsterdam 1795.

Lécat, Maurice (1916): S. **88**.

Le Clerq, Sébastien (17. Jh.): S. 26. *Pratique de la géométrie sur le papier et sur le terrain*, Paris 1669 u. ö.; → J. H. Graf in d. *Abh. Gesch. Math.* **9**, Leipzig 1899.

Legendre, Adrien Marie (1752 bis 1833): S. 45, 47, 73, **74/77**, 81. *Éléments de géométrie*, Paris 1794 u. ö.; engl. Cambridge 1819 u. ö.; dtsch. Berlin 1822 u. ö.; ital. Florenz 1834 u. ö. *Mémoire sur les transcendantes elliptiques*, Paris 1794. *Essai sur la théorie des nombres*, Paris 1797/98, ^{2}1808; Suppl. 1816, 1825; ^{3}1830 u. ö.; dtsch. Leipzig 1886 u. ö. *Nouvelle méthode pour la determination des orbites des comètes*, Paris 1805, Suppl. 1806, 1820. *Exercises de calcul intégral*, Paris 1811/17 (3 Bde.). *Traité des fonctions elliptiques et des intégrals euleriénnes*, Paris 1825/32 (3 Bde.).

Leibniz, Gottfried Wilhelm (1646 bis 1716): S. **4/15**, 16/17, 19, 22/23, 25, 27, 29/30, 32/33, 38, 40, 43, 54, 57, 61, 65, 81, 83; → I, II. *Math. Schriften*, ed. C. I. Gerhardt, Berlin/Halle 1849/63 (7 Bde.). *Philosoph. Schr.*, ed. Gerhardt, Berlin 1875/90 (7 Bde.), *Briefwechsel mit Mathematikern*, ed. Gerhardt, Berlin 1899. *Nouveaux essais sur l'entendement humain* (1707), ed. R. E. Raspe, Amsterdam/Leipzig 1765.

Leibnizianer (18. Jh.): S. 22/23, 63.

Lemoine, Edmé Marie Joseph (1751 bis 1816): S. 45. *Traité élémentaire de mathématiques pures*, Paris 1790 u. ö.

Leseur, Thomas (1703–1770): S. 80. *Éléments de calcul intégral*, Parma 1768 (zus. m. Jacquier).

Leurechon, Jean (1591?–1670): S. 27; → I. *Recreations mathématiques*, Pont-à-Mousson 1625 u. ö.; engl. v. Ougthred als *Mathematical recreations*, London 1633, ^{2}1636, ^{3}ed. W. Leyburn, 1694.

Lexell, Andreas Johann (1740 bis 1784): S. 46/47, 76.

l'Hospital, Guillaume François Antoine de (1661–1704): S. 5/7, 9, 11, 18, 30/31, 33, 55; → II. *Analyse des infiniment petits*, Paris 1696 u. ö., engl. London 1730, lat. Wien 1764. *Traité analytique des sections coniques*, Paris 1707 u. ö.; engl. London 1728. *Briefwechsel mit Jh. Bernoulli*, ed. O. Spiess, Basel 1955.

L'Huilier, Simon (1750–1840): S. 47, 68. *Leben u. Wirken:* → R. Wolf I (1858). *Exposition élémentaire des principes des calculs supérieurs*, Berlin 1786, lat. Tübingen 1795. *Polygonométrie*, Genf 1789.

Locke, John (1632–1704): S. 24, 40, 43/44. *Leben u. Wirken:* S. Alexander, London 1908; J. Didier, Paris 1911; H. O. Christophersen, Oslo 1930; A. Klement, Wien 1952. *Works*, London 1714; 1853 (9 Bde.). *Briefe*, d. Haag 1912. *An essay concerning human understanding*, London 1690; frz. Ausz. in der *Bibl. univ.* I 1688. dtsch. Leipzig 1911 u. 1913. *Some thoughts concerning education*, London 1693, dtsch. Langensalza 1883 u. ö. *Zur Pädagogik:* Ed. Fechtner, Wien 1894, ^{2}1908; G. Hecke, Gotha 1897; A. Cesano, Rom 1904.

Loria, Gino (1862–1954) (1902): S. 33, **39**, 79, **88**; (1921, 1925): S. **88**.

Ludwig XVIII. (1755–1824; König v. Frankreich seit 1814/15): S. 73.

Machin, John (1680–1751): S. 20.

Maclaurin, Colin (1698–1746): S. 29, 41, 48, 51, 54, **77/78**. *Leben u. Wirken:* Ch. Tweedie in d. *Proc. R. S. Edinburg* **36**, 1915 u. in d. *Math. Gazette* **9**, 1919; H. W. Turnbull (1947), Aberdeen 1951. *Geometria organica*, London 1720. *A treatise of fluxions*, Edinburg 1742, ^{2}London 1801, frz. Paris 1749. *A treatise of algebra*, London 1748 u. ö.; engl. 1788.

Mahnke, Dietrich (1884–1939): S. 14; (1926, 1932) S. **38**; → II.

Malebranche, Nicolas (1638 bis 1715): S. 4; → II.

Malezieu, Nicolas de (17./18. Jh.): S. 25, 32. *Elemens de géométrie*, Paris 1715.

Malfatti, Giovanni Francesco (1731 bis 1807): S. 47, 50, 67. *Leben u. Wirken:* G. B. Biadego im *Bull. Boncomp.* **9**, 1876.

Mallet, Friedrich (1728–1797): S. 50. *De aequatione biquadratica*, Upsala 1782.

Manfredi, Gabriele (1681–1761): S. 13, 22. *Leben u. Wirken:* E. Bortolotti in den *Mem. Bologna* (8) **10**, 1933. *De constructione aequationum differentialium primi gradus*, Bologna 1707.

Mascheroni, Lorenzo (1750–1800): S. 47. *Leben u. Wirken:* G. Loria u. a., Bergamo 1904. *La geometria del compasso*, Pavia 1797; ed. G. Fazzari, Palermo 1901; franz. Paris 1798; dtsch. Berlin 1825.

Matsunaga, Ryôhitsu († 1744): S. 37. *Hoen sankyo* (1739); *Kijo tokushô* (1740).

Matthiessen, Ludwig (1878): S. **83**.

Matthiessen, Soeren (1653–1740): S. 24. *Compendium arithmeticum*, Kopenhagen 1680 u. ö.

Maupertuis, Pierre Louis Moreau de (1698–1759): S. 23, 41, 46, **56/57**, 78. *Leben u. Wirken:* P. Brunet, Paris 1929; J. N. Keller-Zschokke, Basel 1935. *OEuvres*, Paris 1752, Lyon 1768. *Essai de cosmologie*, Berlin 1750, dtsch. 1751.

Mayer, Johann Tobias (1723 bis 1762): S. 46. *Opera inedita*, ed. G. Chr. Lichtenberg, Göttingen 1774.

Meissner, Heinrich (1644–1716): S. 25.

Meister, Abraham Ludwig Friedrich (1724–1788): S. 46.

Menelaos v. Alexandria (um 100 n. Chr.): S. 34; → I. *Sphärik*, lat. aus dem Arab. v. E. Halley, ed. G. Costard, Oxford 1758.

Zeitschriftenverzeichnis

Dieses Verzeichnis bezieht sich ausschließlich auf jene Zeitschriften des 17. und 18. Jh., die im Text entweder durch Buchstabensigel oder in Textverkürzung wiedergegeben sind. Bei Jahresangaben (vor allem bei Akademieschriften) sind die Jahrgänge, nicht die Ausgabe gemeint, wenn nicht anderes vermerkt ist.

Acta Helvetica: S. 51.
AE = *Acta eruditorum* (Leipzig 1682 bis 1731): S. **4**, 5/13, 16/19, 21/23, 30, 52;→ II.
AP = *Acta academiae scientiarum Petropolitanae* (Petersburg 1777 bis 1782, hgg. 1778/86, 6 Bde.): S. 46/47, 49, 51, 61/62, 76.
Arch. M. = *Archiv für die reine und angewandte Mathematik* (Leipzig 1795–1800, 11 Hefte): S. 67.
Atti Ac. Siena: S. 50.
Correspondance de l'École Polytechnique: S. 72.
CP = *Commentarii Academiae Petropolitanae* (Petersburg 1726–1746, hgg. 1728/51, 14 Bde.): S. **21**, 23, 47, 50/51, 53/56, 73.
Diss. math. Phys. soc. Göttingen: S. 51.
Göttinger gelehrte Anzeigen: S. 50.
HMB = *Histoire et mémoires de l'Ac. sc. de Berlin* (Berlin 1745–1769, hgg. 1746/71, 25 Bde.): S. **30**, 46/47, 49, 51, 57, 60, 62/64, 66/67.
HMP = *Histoire et mémoires de l'Ac. sc. de Paris* (1699–1790): S. **6**, 7/9, 11, 19, 21, 25, 29/31, 33, 46/47, 49/50, 55/56, 70/71, 73/75, 78, 80;→ II.
JEP = *Journal de l'École Polytechnique* (Paris seit 1795): S. 48, **72**, 73/74.
Journ. lit. = *Journal literaire* (d. Haag, 1713–1737): S. 14.
Journal littéraire d'Allemagne: S. 54.
JS = *Journal des Sçavans* (1665 bis 1792): S. **5**, 6/7, 11, 16;→ II.
Mag. M. = *Magazin für die reine und angewandte Mathematik* (Leipzig 1786–1788): S. 64.
MB = *Miscellanea Berolinensia* (1710–1743): S. **16**, 27, 30, 46, 49, 55, 60;→ II.
Mém. math. phys. = *Mémoires de mathématiques et de physiques* (Paris 1692–1693): S. **29**.
Mém. T. = *Mémoires de l'Ac. Turin* (Turin 1784–1800, 6 Bde.): S. 68, 70/71.
Miscellanea curiosa mathematica: S. 46
MP = *Mémoires de l'Ac. Imp. d. sc. de St. Pétersbourg*: S. 62.
MSI = *Memorie matematiche e fisiche soc. sc. Ital.* (Verona seit 1782): S. **46/47**, 51, 67.
MSP = *Mémoires de mathématique et de physique, présentés à l'Ac. sc. par divers savants* (Paris 1750 bis 1786, 11 Bde.): S. 70/71, 73/75.
MT = *Miscellanea Taurinensia* (Turin 1759–1773, 5 Bde.): S. 49, 65/66.
NAE = *Nova acta eruditorum* (Leipzig 1732–1770): S. 57.
NAP = *Nova acta Ac. sc. Petropolitanae* (Petersburg 1783–1802, hgg. 1787–1806, 15 Bde.): S. 46/47, 50, 61/62.
NCP = *Novi commentarii Ac. sc. Petropolitanae* (Petersburg 1747 bis 1775, hgg. 1750/76, 20 Bde.): S. 46/47, 49, 51, 59/61.
NMB = *Nouveaux mémoires de l'Ac. sc. Berlin* (Berlin 1770–1786): S. 46, 49/51, 64, 66/68.
Nouv. rép. lettr. = *Nouvelles de la république des lettres* (Amsterdam 1684–1718): S. 4, 41.
Novi Commentarii soc. Göttingen: S. 46.
PT = *Philosophical Transactions* (seit 1665): S. **10**, 12/14, 16/19, 21, 28/30, 33, 45, 51/52, 70, 73, 75, 77, 81;→ II.

Sachverzeichnis

Das Sachverzeichnis ist auf einige Hauptgegenstände vorzugsweise mathematischer Natur beschränkt.

Geisteswissenschaften

Philosophie

Einführung in die Philosophie von *H. Leisegang†.* 3. Aufl. 145 S. 1957 *(Bd. 281)*

Erkenntnistheorie von *G. Kropp.* 1. Teil: Allgemeine Grundlegung. 143 S. 1950 *(Bd. 807)*

Hauptprobleme der Philosophie von *G. Simmel†.* 7., unveränd. Aufl. 177 S. 1950 *(Bd. 500)*

Geschichte der Philosophie

I: Die griechische Philosophie von *W. Capelle.* 1. Teil. Von Thales bis Leukippos. 2., erw. Aufl. 135 S. 1953 *(Bd. 857)*

II: Die griechische Philosophie von *W. Capelle.* 2. Teil. Von der Sophistik bis zum Tode Platons. 2., stark erw. Aufl. 144 S. 1953 *(Bd. 858)*

III: Die griechische Philosophie von *W. Capelle.* 3. Teil. Vom Tode Platons bis zur alten Stoa. 2., stark erw. Aufl. 132 S. 1954 *(Bd. 859)*

IV: Die griechische Philosophie von *W. Capelle.* 4. Teil. Von der Alten Stoa bis zum Eklektizismus im 1. Jh. v. Chr. 2., stark erw. Aufl. 132 S. 1954 *(Bd. 863)*

V: Die Philosophie des Mittelalters von *J. Koch.* In Vorb. *(Bd. 826)*

VI: Von der Renaissance bis Kant von *K. Schilling.* 234 S. 1954 *(Bd. 394/394a)*

VII: Immanuel Kant von *G. Lehmann.* In Vorb. *(Bd. 536)*

VIII: Die Philosophie des 19. Jahrhunderts von *G. Lehmann.* 1. Teil. 151 S. 1953 *(Bd. 571)*

IX: Die Philosophie des 19. Jahrhunderts von *G. Lehmann.* 2. Teil. 168 S. 1953 *(Bd. 709)*

X: Die Philosophie im ersten Drittel des 20. Jahrhunderts I von *G. Lehmann.* In Vorb. *(Bd. 845)*

Die geistige Situation der Zeit (1931) von *K. Jaspers.* 4., unveränd. Abdruck der 1932 bearb. 5. Aufl. 211 S. 1955 *(Bd. 1000)*

Philosophisches Wörterbuch von *M. Apel†.* 5. Aufl., neub. von *P. Ludz* 1957. In Vorb. *(Bd. 1031/1031a)*

Philosophische Anthropologie. Menschliche Selbstdeutung in Geschichte und Gegenwart von *M. Landmann.* 266 S. 1955 *(Bd. 156/156a)*

Pädagogik, Psychologie Soziologie

Geschichte der Pädagogik von *Herm. Weimer.* 12., neub. u. verm. Aufl. von *Heinz Weimer.* 177 S. 1956 (*Bd. 145*)

Therapeutische Psychologie. Ihr Weg durch die Psychoanalyse von *W. M. Kranefeldt.* Mit einer Einführung von *C. G. Jung.* 3., unveränd. Aufl. 152 S. 1956 *(Bd. 1034)*

Allgemeine Psychologie von *Th. Erismann.* 1956. In Vorb. *(Bd. 831)*

Soziologie. Geschichte und Hauptprobleme von *L. von Wiese.* 5. Aufl. 162 S. 1954 *(Bd. 101)*

Sozialpsychologie von *P. R. Hofstätter.* 181 S., 15 Abb., 22 Tab. 1956 *(Bd. 104/104a)*

Psychologie des Berufs- und Wirtschaftslebens von *W. Moede.* 1956 In Vorb. *(Bd. 851)*

Industrie- und Betriebssoziologie von *R. Dahrendorf.* 120 S. 1956 *(Bd. 103)*

Religionswissenschaften

Jesus von *M. Dibelius†.* 2. Aufl. Unveränd. Nachdr. 137 S. 1949 *(Bd. 1130)*

Paulus von *M. Dibelius†.* Nach dem Tode des Verfassers herausgegeben und zu Ende geführt von *W. G. Kümmel.* 2. Aufl. 155 S. 1956 *(Bd. 1160)*

Römische Religionsgeschichte von *F. Altheim.* 2 Bde. 2., umgearb. Aufl.

I: Grundlagen und Grundbegriffe. 116 S. 1956 *(Bd. 1035)*

II: Der geschichtliche Ablauf. 164 S. 1956 *(Bd. 1052)*

Geschichte Israels von *E.-L. Ehrlich.* 1957. In Vorb. *(Bd. 231)*

Musik

Musikästhetik von *H. J. Moser.* 180 S. 1953 *(Bd. 344)*
Systematische Modulation von *R. Hernried.* 2. Aufl. 136 S. 1950 *(Bd. 1094)*
Der polyphone Satz von *E. Pepping.* 2 Bde.
1. Teil: Der cantus-firmus-Satz. 2. Aufl. 223 S. 1950 *(Bd. 1148)*
2. Teil: 1957. In Vorb. *(Bd. 1164/1164a)*
Allgemeine Musiklehre von *H. J. Moser.* 2., durchges. Aufl. 155 S. 1955 *(Bd. 220/220a)*
Harmonielehre von *H. J. Moser.* 2 Bde. I: 109 S. 1954 *(Bd. 809)*
Die Musik des 19. Jahrhunderts von *W. Oehlmann.* 180 S. 1953 *(Bd. 170)*
Die Musik des 20. Jahrhunderts I. von *W. Oehlmann.* In Vorb. *(Bd. 171)*
Technik der deutschen Gesangskunst von *H. J. Moser.* 3., durchges. und verb. Aufl. 144 S., 5 Fig. 1954 *(Bd. 576/576a)*
Die Kunst des Dirigierens von *H. W. von Waltershausen*†. 2. Aufl. 138 S. 1954 *(Bd. 1147)*
Die Technik des Klavierspiels aus dem Geiste des musikalischen Kunstwerkes von *K. Schubert*†. 3. Aufl. 110 S. 1954 *(Bd. 1045)*

Kunst

Stilkunde von *H. Weigert.* 2 Bde. 2. Aufl.
I: Vorzeit, Antike, Mittelalter. 136 S., 94 Abb. 1953 *(Bd. 80)*
II: Spätmittelalter und Neuzeit. 146 S., 84 Abb. 1953 *(Bd. 781)*
Archäologie von *A. Rumpf.* 2 Bde.
I: Einleitung, historischer Überblick. 143 S., 6 Abb., 12 Taf. 1953 *(Bd. 538)*
II: Die Archäologensprache. Die antiken Reproduktionen. 136 S., 7 Abb., 12 Taf. 1956 *(Bd. 539)*

Geschichte

Einführung in die Geschichtswissenschaft von *P. Kirn.* 2. Aufl. 121 S. 1952 *(Bd. 270)*
Zeitrechnung d. röm. Kaiserzeit, des Mittelalters und der Neuzeit für die Jahre 1—2000 n. Chr. von *H. Lietzmann*†. 3. Aufl., durchges von *K. Aland.* 130 S. 1956 *(Bd. 1085)*
Kultur der Urzeit von *F. Behn.* 3 Bde. 4. Aufl. der „Kultur der Urzeit". Bd. I—III von *M. Hoernes.*
I: Die vormetallischen Kulturen. (Die Steinzeiten Europas. Gleichartige Kulturen in anderen Erdteilen). 172 S., 48 Abb. 1950 *(Bd. 564)*
II: Die älteren Metallkulturen. (Der Beginn der Metallbenutzung. Kupfer- und Bronzezeit in Europa, im Orient und in Amerika). 160 S., 67 Abb. 1950 *(Bd. 565)*
III: Die jüngeren Metallkulturen. (Das Eisen als Kulturmetall. Hallstatt-Latène-Kultur in Europa. Das erste Auftreten des Eisens in den anderen Erdteilen). 149 S., 60 Abb. 1950 *(Bd. 566)*
Vorgeschichte Europas von *F. Behn.* Völlig neue Bearbeitung der 7. Aufl. der „Urgeschichte der Menschheit" von *M. Hoernes.* 125 S., 47 Abb. 1949 *(Bd. 42)*
Der Eintritt der Germanen in die Geschichte von *J. Haller.* 3. Aufl., durchges. von *H. Dannenbauer.* 120 S., 6 Ktnskizz. 1957 *(Bd. 1117)*
Von den Karolingern zu den Staufern von *J. Haller* †. Die altdeutsche Kaiserzeit (900—1250). 3. Aufl. 141 S., 4 Ktn. 1944 *(Bd. 1065)*
Deutsche Geschichte im Zeitalter der Reformation, der Gegenreformation und des 30jährigen Krieges von *F. Hartung.* 129 S. 1951 *(Bd. 1105)*
Deutsche Geschichte von 1648 bis 1740 von *W. Treue.* 120 S. 1956 *(Bd. 35)*
Deutsche Geschichte von 1713 bis 1806 von *W. Treue.* 168 S. 1957 *(Bd. 39)*
Quellenkunde der deutschen Geschichte im Mittelalter (bis zur Mitte des 15. Jahrhunderts) von *K. Jacob*†. 3 Bde.
I: Einleitung. Allgemeiner Teil. Die Zeit der Karolinger. 5. Aufl. 118 S. 1949 *(Bd. 279)*
II: Die Kaiserzeit (911—1250). 4. Aufl. 127 S. 1949 *(Bd. 280)*

III: Das Spätmittelalter (vom Interregnum bis 1500). Herausgeg. von *F. Weden.* 152 S. 1952 *(Bd. 284)*

Geschichte Englands von *H. Preller.*
I: bis 1815. 3., stark umgearb. Aufl. 135 S., 7 Stammtaf., 2 Ktn. 1952 *(Bd. 375)*
II: von 1815 bis 1910. 2., völlig umgearb. Aufl. 118 S., 1 Stammtaf., 7 Ktn. 1954 *(Bd. 1088)*

Römische Geschichte von *F. Altheim.* 4 Bde. 2., verb. Aufl.
I: Bis zur Schlacht bei Pydna (168 v. Chr.). 123 S. 1956 *(Bd. 19)*
II: Bis zur Schlacht bei Actium (31 v. Chr.). 130 S. 1956 *(Bd. 677)*

Geschichte der Vereinigten Staaten von Amerika von *O. Graf zu Stolberg-Wernigerode.* 192 S., 10 Ktn. 1956 *(Bd. 1051/1051 a)*

Deutsche Sprache und Literatur

Geschichte der deutschen Sprache von *H. Sperber.* 2. Aufl., durchges. von *W. Fleischhauer.* 1957. In Vorb. *(Bd. 915)*

Deutsches Rechtschreibungswörterbuch von *M. Gottschald.* 2., verb. Aufl. 269 S. 1953 *(Bd. 200/200 a)*

Deutsche Wortkunde. Eine kulturgeschichtliche Betrachtung des deutschen Wortschatzes von *A. Schirmer.* 3., durchges. Aufl. 109 S. 1949 *(Bd. 929)*

Deutsche Sprachlehre von *W. Hofstaetter.* 9., neubearb. Aufl. von *G. Spree.* 144 S. 1953 *(Bd. 20)*

Stimmkunde für Beruf, Kunst und Heilzwecke von *H. Biehle.* 111 S. 1955 *(Bd. 60)*

Redetechnik. Einführung in die Rhetorik von *H. Biehle.* 115 S. 1954 *(Bd. 61)*

Sprechen und Sprachpflege (Die Kunst des Sprechens) von *H. Feist.* 2., verb. Aufl. 99 S., 25 Abb. 1952 *(Bd. 1122)*

Deutsches Dichten und Denken von der germanischen bis zur staufischen Zeit von *H. Naumann.* (Deutsche Literaturgeschichte vom 5.—13. Jahrhundert). 2., verb. Aufl. 166 S. 1952 *(Bd. 1121)*

Deutsches Dichten und Denken vom Mittelalter zur Neuzeit von *G. Müller* (1270—1700). 2., durchges. Aufl. 159 S. 1949 *(Bd. 1086)*

Der Nibelunge Nôt in Auswahl mit kurzem Wörterbuch von *K. Langosch.* 10., durchges. Aufl. 164 S. 1956 *(Bd. 1)*

Kudrun- und Dietrichepen in Auswahl mit Wörterbuch von *O. L. Jiriczek.* 2. Aufl. bearb. von *R. Wisniewski.* 1957. In Vorb. *(Bd. 10)*

Wolfram von Eschenbach. Parzival. Eine Auswahl mit Anmerk. und Wörterbuch. Von *H. Jantzen.* 2. Aufl., bearb. von *H. Kolb.* 128 S. 1957 *(Bd. 921)*

Die deutschen Personennamen von *M. Gottschald.* 2., verb. Aufl. 151 S. 1955 *(Bd. 422)*

Althochdeutsches Elementarbuch von *H. Naumann*† und *W. Betz.* 2. Aufl. 156 S. 1954 *(Bd. 1111)*

Mittelhochdeutsche Grammatik von *H. de Boor* und *R. Wisniewski.* 141 S. 1956 *(Bd. 1108)*

Indogermanisch, Germanisch

Gotisches Elementarbuch. Grammatik, Texte mit Übersetzung und Erläuterungen von *H. Hempel.* 2., umgearb. Aufl. 165 S. 1953 *(Bd. 79)*

Indogermanische Sprachwissenschaft von *H. Krahe.* 3. Aufl. 1957. In Vorb. *(Bd. 59)*

Germanische Sprachwissenschaft von *H. Krahe.* 2 Bde. 3., neub. Aufl.
I: Einleitung und Lautlehre. 147 S. 1956. *(Bd. 238)*
II: Formenlehre. 149 S. 1957 *(Bd. 780)*

Altnordisches Elementarbuch von *F. Ranke.* Schrifttum, Sprache, Texte mit Übersetzung und Wörterbuch. 2., durchges. Aufl. 146 S. 1949 *(Bd. 1115)*

Englisch, Französisch Italienisch

Altenglisches Elementarbuch von *M. Lehnert.* Einführung, Grammatik, Texte mit Übersetzung und Wörterbuch. 3., verb. Aufl. 178 S. 1955 *(Bd. 1125)*

Historische neuenglische Laut- und Formenlehre von *E. Ekwall.* 3., durchges. Aufl. 150 S. 1956 *(Bd. 735)*

Englische Phonetik von *H. Mutschmann*†. 117 S. 1956. *(Bd. 601)*

Englische Literaturgeschichte. 4 Bde.
I: Die alt- und mittelenglische Periode v. *F. Schubel*. 163 S. 1954 *(Bd. 1114)*
II: Von der Renaissance bis zur Aufklärung von *F. Schubel*. 160 S. 1956 *(Bd. 1116)*
III: Romantik und Viktorianismus von *P. Meissner†*. 150 S. 1938 *(Bd. 1124)*
IV: Das 20. Jahrhundert von *P. Meissner†*. 150 S. 1939 *(Bd. 1136)*
Beowulf von *M. Lehnert*. Eine Auswahl mit Einführung, teilweiser Übersetzung, Anmerkungen und etymologischem Wörterbuch. 2., verb. Aufl. 135 S. 1949 *(Bd. 1135)*
Shakespeare von *P. Meissner†*. 2. Aufl. neubearb. von *M. Lehnert*. 136 S. 1954 *(Bd. 1142)*
Italienische Literaturgeschichte von *K. Vossler†*. Unveränd. Nachdr. der 1927 erschien. 4., durchges. und verb. Aufl. 148 S. 1948 *(Bd. 125)*
Romanische Sprachwissenschaft von *H. Lausberg*. 2 Bde. 1956.
I: Einleitung und Vokalismus. 160 S. *(Bd. 128/128a)*
II: Konsonantismus. 95 S. *(Bd. 250)*

Griechisch, Lateinisch

Griechische Sprachwissenschaft von *W. Brandenstein*. 2 Bde.
I: Einleitung, Lautsystem, Etymologie. 160 S. 1954 *(Bd. 117)*
Geschichte der griechischen Sprache. 2 Bde.
I: Bis zum Ausgang der klassischen Zeit von *O. Hoffmann†*. 3. Aufl. bearb. von *A. Debrunner*. 156 S. 1954 *(Bd. 111)*
II: Grundfragen und Grundzüge des nachklass. Griechisch. Von *A. Debrunner*. 144 S. 1954 *(Bd. 114)*
Geschichte der griechischen Literatur von *W. Nestle*. 2 Bde. 2., verb. Aufl.
I: Von den Anfängen bis auf Alexander d. Gr. 148 S. 1950 *(Bd. 70)*
II: Von Alexander d. Gr. bis zum Ausgang der Antike. 128 S. 1948 *(Bd. 557)*
Geschichte der lateinischen Sprache von *F. Stolz†*. 3., stark umgearb. Auflage von *A. Debrunner*. 136 S. 1953 *(Bd. 492)*

Hebräisch, Sanskrit, Russisch

Hebräische Grammatik von *G. Beer†*. 2 Bde. 2., völlig neub. Aufl. von *R. Meyer*
I: Schrift-, Laut- und Formenlehre I. 157 S. 1952 *(Bd. 763/763a)*
II: Formenlehre II. Syntax und Flexionstabellen. 195 S. 1955 *(Bd. 764/764a)*
Sanskrit-Grammatik von *M. Mayrhofer*. 89 S. 1953 *(Bd. 1158)*
Russische Grammatik von *E. Berneker*. 6., unveränd. Aufl. von *M. Vasmer*. 155 S. 1947 *(Bd. 66)*

Erd- und Länderkunde

Afrika von *F. Jaeger*. Ein geograph. Überblick. 2 Bde. 2., umgearb. Aufl.
I: Der Lebensraum. 179 S., 18 Abb. 1954 *(Bd. 910)*
II: Mensch und Kultur. 152 S., 6 Abb. 1954 *(Bd. 911)*
Iberoamerika von *O. Quelle*. In Vorb. *(Bd. 856)*
Australien und Ozeanien von *H. J. Krug*. 176 S., 46 Skizz. 1953 *(Bd. 319)*
Kartenkunde von *M. Eckert-Greifendorff†*. 3., durchges. Aufl. von *W. Kleffner*. 149 S., 63 Abb. 1950 *(Bd. 30)*

Volkswirtschaft, Publizistik

Allgemeine Betriebswirtschaftslehre von *K. Mellerowicz*. 3 Bde. 9., unveränd. Aufl.
I: 142 S. 1956 *(Bd. 1008)*
II: 112 S. 1956 *(Bd. 1153)*
III: 143 S. 1956 *(Bd. 1154)*
Allgemeine Volkswirtschaftslehre von *A. Paulsen*. 4 Bde.
I: Grundlegung, Wirtschaftskreislauf. 138 S. 1956 *(Bd. 1169)*
II: Haushalte, Unternehmungen, Marktformen. 163 S., 32 Abb. 1956 *(Bd. 1170)*
Zeitungslehre von *E. Dovifat*. 2 Bde. 3., neubearb. Aufl.
I: Theoretische und rechtliche Grundlagen — Nachricht und Meinung — Sprache und Form. 148 S. 1955 *(Bd. 1039)*
II: Redaktion — Die Sparten Verlag und Vertrieb, Wirtschaft und Technik, Sicherung der öffentlichen Aufgabe. 158 S. 1955 *(Bd. 1040)*

Naturwissenschaften

Mathematik

Geschichte der Mathematik von *J. E. Hofmann.* 3 Bde.
I: Von den Anfängen bis zum Auftreten von Fermat und Descartes. 200 S. 1953 *(Bd. 226)*
II: Von Fermat und Descartes bis zur Erfindung des Calcullus und bis zum Ausbau der neuen Methoden. 1957. In Vorb. *(Bd. 875)*
III: Von den Auseinandersetzungen um Calculus bis zur Französischen Revolution. 1957. In Vorb. *(Bd. 882)*
Mathematische Formelsammlung von *F. Ringleb.* Vollst. umgearb. Neuausg. des Werkes von *O. Th. Bürklen.* 6., erw. Aufl. 278 S., 53 Fig. 1956 *(Bd. 51/51a)*
Fünfstellige Logarithmen von *A. Adler.* Mit mehreren graphischen Rechentafeln und häufig vorkommenden Zahlwerten. 2. Aufl. Neudr. 127 S., 1 Taf. 1949 *(Bd. 423)*
Höhere Algebra von *H. Hasse.* 2 Bde. 3., verb. Aufl.
I: Lineare Gleichungen. 152 S. 1951 *(Bd. 931)*
II: Gleichungen höheren Grades. 158 S., 5 Fig. 1951 *(Bd. 932)*
Aufgabensammlung zur höheren Algebra von *H. Hasse* und *W. Klobe.* 2., verb. und verm. Aufl. 181 S. 1952 *(Bd. 1082)*
Elementare und klassische Algebra vom modernen Standpunkt von *W. Krull.* 2 Bde. 2., erw. Aufl.
I: 136 S. 1952 *(Bd. 930)*
Einführung in die Zahlentheorie von *A. Scholz†.* Überarb. und herausgeg. von *B. Schoeneberg.* 2. Aufl. 128 S. 1955 *(Bd. 1131)*
Elemente der Funktionentheorie von *K. Knopp.* 4. Aufl. 144 S., 23 Fig. 1955 *(Bd. 1109)*
Funktionentheorie von *K. Knopp.* 2 Bde.
I: Grundlagen der allgem. Theorie der analytischen Funktionen. 9. Aufl. 141 S., 8 Fig. 1957 *(Bd. 668)*
II: Anwendungen und Weiterführung der allgemeinen Theorie. 8./9. Aufl. 130 S., 7 Fig. 1955 *(Bd. 703)*
Aufgabensammlung zur Funktionentheorie von *K. Knopp.* 2 Bde. 4. Aufl.
I: Aufgaben zur elementaren Funktionentheorie. 135 S. 1949 *(Bd. 877)*
II: Aufgaben zur höheren Funktionentheorie. 151 S. 1949 *(Bd. 878)*
Repetitorium und Aufgabensammlung zur Differentialrechnung von *A. Witting†.* 3., neub. Aufl. von *E. Ulrich.* 1957. In Vorb. *(Bd. 146)*
Repetitorium und Aufgabensammlung zur Integralrechnung von *A. Witting†.* 3., neubearb. Aufl. von *E. Ulrich.* 1957. In Vorb. *(Bd. 147)*
Gewöhnliche Differentialgleichungen von *G. Hoheisel.* 5., durchges. Aufl. 129 S. 1956. *(Bd. 920)*
Partielle Differentialgleichungen v. *G. Hoheisel.* 3., neub. Aufl. 130 S. 1953 *(Bd. 1003)*
Aufgabensammlung zu den gewöhnlichen und partiellen Differentialgleichungen von *G. Hoheisel.* 2., umgearb. Aufl. 124 S. 1952 *(Bd. 1059)*
Integralgleichungen von *G. Hoheisel.* 2., durchges. Aufl. 1957. In Vorb. *(Bd. 1099)*
Mengenlehre von *E. Kamke.* 3., neub. Auflage. 194 S., 6 Fig. 1955 *(Bd. 999/999a)*
Darstellende Geometrie von *W. Haack.* 3 Bde.
I: Die wichtigsten Darstellungsmethoden. Grund- und Aufriß ebenflächiger Körper. 110 S., 117 Abb. 1954 *(Bd. 142)*
II: Körper mit krummen Begrenzungsflächen. Kotierte Projektionen. 129 S., 86 Abb. 1954. *(Bd. 143)*
III: Axonometrie, Perspektive. Photogrammetrie. 127 S., 100 Abb. 1957 *(Bd. 144)*
Sammlung von Aufgaben und Beispielen zur analytischen Geometrie der Ebene von *R. Haussner†.* Mit den vollständigen Lösungen. 139 S., 22 Fig. Neudr. 1949 *(Bd. 256)*
Nichteuklidische Geometrie. Hyperbolische Geometrie der Ebene. Von

R. Baldus†. 3., verb. Aufl., durchges. und herausgeg. von *F. Löbell*. 140 S., 70 Fig. 1953 *(Bd. 970)*

Differentialgeometrie von *K. Strubecker* (früher Rothe). 3 Bde.
I: Kurventheorie der Ebene und des Raumes. 150 S., 18 Fig. 1955 *(Bd. 1113/1113a)*
II: Flächentheorie. 13 Fig. 1957. In Vorb. *(Bd. 1179/1179a)*
III: Theorie der Flächenkrümmung. 37 Fig. 1957. In Vorb. *(Bd. 1180/1180a)*

Einführung in die konforme Abbildung von *L. Bieberbach*. 5., erw. Aufl. 180 S., 42 Fig. 1956. *(Bd. 768/768a)*

Vektoren und Matrizen von *S. Valentiner*. 8., erw. Aufl. der „Vektoranalysis". 35 Fig. Mit Anh.: Aufgaben zur Vektorrechnung von *H. König*. 1957. In Vorb. *(Bd. 354/354a)*

Vermessungskunde von *P. Werkmeister*. 3 Bde.
II: Messung von Horizontalwinkeln. Festlegung von Punkten im Koordinatensystem. Absteckungen. 7. Aufl. 151 S., 93 Fig. 1949 *(Bd. 469)*
III: Trigonometrische und barometrische Höhenmessung. Tachymetrie und Topographie. 6. Aufl. 147 S., 64 Fig. 1949 *(Bd. 862)*

Versicherungsmathematik von *F. Böhm*. 2 Bde.
I: Elemente der Versicherungsrechnung. 3., verm. und verb. Aufl. Durchges. Neudr. 151 S. 1954 *(Bd. 180)*
II: Lebensversicherungsmathematik. Einführung in die technischen Grundlagen der Sozialversicherung. 2., verb. Aufl. 205 S. 1953 *(Bd. 917/917a)*

Physik

Einführung in die theoretische Physik von *W. Döring*. 5 Bde.
I: Mechanik. 119 S., 29 Abb. 1954 *(Bd. 76)*
II: Das elektromagnetische Feld. 123 S., 15 Abb. 1955 *(Bd. 77)*
III: Optik. 117 S., 32 Abb. 1956 *(Bd. 78)*
IV: Thermodynamik. 107 S., 9 Abb. 1956. *(Bd. 374)*
V: Statische Mechanik. 1957. In Vorb. *(Bd. 1017)*

Atomphysik von *K. Bechert* und *Ch. Gerthsen*. 7 Bde. 3., umgearb. Aufl.
I: Allgemeine Grundlagen. 1. Teil. 124 S., 55 Abb. 1955 *(Bd. 1009)*
II: Allgemeine Grundlagen. 2. Teil. 112 S., 48 Abb. 1955 *(Bd. 1033)*
III: Theorie des Atombaus. 1. Teil. 148 S., 16 Abb. 1954 *(Bd. 1123/1123a)*
IV: Theorie des Atombaus. 2. Teil. 170 S., 14 Abb. 1954 *(Bd. 1165/1165a)*

Differentialgleichungen der Physik von *F. Sauter*. 2. Aufl. 148 S., 16 Fig. 1950 *(Bd. 1070)*

Physikalische Formelsammlung von *G. Mahler*† und *K. Mahler*. 9., durchges. Aufl. 153 S. mit 69 Fig. 1955 *(Bd. 136)*

Physikalische Aufgabensammlung von *G. Mahler*† und *K. Mahler*. Mit den Ergebn. 9., durchges. Aufl. 127 S. 1957 *(Bd. 243)*

Chemie

Geschichte der Chemie in kurzgefaßter Darstellung von *G. Lockemann*. 2 Bde.
I: Vom Altertum bis zur Entdeckung des Sauerstoffs. 142 S., 8 Bildn. 1950 *(Bd. 264)*
II: Von der Entdeckung des Sauerstoffs bis zur Gegenwart. 151 S., 16 Bildn. 1955 *(Bd. 265/265a)*

Anorganische Chemie von *W. Klemm*. 9. Aufl. 184 S., 18 Abb. 1957 *(Bd. 37)*

Organische Chemie von *W. Schlenk*. 7., erw. Aufl. 1957. In Vorb. *(Bd. 38/38a)*

Allgemeine und physikalische Chemie von *W. Schulze*. 3 Bde. 4., neubearb. Aufl.
I: 139 S., 10 Fig. 1955 *(Bd. 71)*
II: 176 S., 37 Fig. 1956 *(Bd. 698/698a)*
III: 1956. In Vorb. *(Bd. 786)*

Analytische Chemie von *J. Hoppe*. 2 Bde. 5., verb. Aufl.
I: Reaktionen. 135 S. 1950 *(Bd. 247)*
II: Gang der qualitativen Analyse. 166 S. 1950 *(Bd. 248)*

Maßanalyse. Theorie und Praxis der klassischen und der elektrochemischen Titrierverfahren. Von *G. Jander* und *K. F. Jahr*. 7., erg. Aufl. 303 S., 50 Fig. 1956. *(Bd. 221/221a)*

Thermochemie von *W. A. Roth.* 2., verb. Aufl. 109 S., 16 Fig. 1952 *(Bd. 1057)*

Physikalisch-chemische Rechenaufgaben von *E. Asmus.* 2. Aufl. 95 S. 1949 *(Bd. 445)*

Stöchiometrische Aufgabensammlung. Mit den Ergebn. von *W. Bahrdt*† und *R. Scheer.* 6., durchges. Aufl. 118 S. 1957 *(Bd. 452)*

Elektrochemie und ihre physikalisch-chemischen Grundlagen von *A. Dassler.* 2 Bde.
I: 149 S., 21 Abb. 1950 *(Bd. 252)*
II: 178 S., 17 Abb. 1950 *(Bd. 253)*

Technologie

Warenkunde von *K. Hassak*† und *E. Beutel*†. 2 Bde. 7. Aufl. Neubearb. von *A. Kutzelnigg*
I: Anorganische Waren sowie Kohle und Erdöl. 116 S., 19 Fig. 1947 *(Bd. 222)*
II: Organische Waren. 143 S., 32 Fig. 1949 *(Bd. 223)*

Die Fette und Öle von *K. Braun*†. 5., völlig neubearb. und verb. Aufl. von *Th. Klug.* 145 S. 1950 *(Bd. 335)*

Die Seifenfabrikation von *K. Braun*†. 3., neubearb. und verb. Aufl. von *Th. Klug.* 116 S., 18 Abb. 1953 *(Bd. 336)*

Textilindustrie
I: Spinnerei und Zwirnerei. Von *A. Blümcke.* 111 S., 43 Abb. 1954 *(Bd. 184)*

Biologie

Einführung in die allgemeine Biologie von *M. Hartmann.* 132 S., 2 Abb. 1956. *(Bd. 96)*

Hormone von *G. Koller.* 2., neubearb. und erw. Aufl. 187 S., 60 Abb., 19 Tab. 1949 *(Bd. 1141)*

Fortpflanzung im Tier- und Pflanzenreich von *J. Hämmerling.* 2., erg. Aufl. 135 S., 101 Abb. 1951 *(Bd. 1138)*

Geschlecht und Geschlechtsbestimmung im Tier- und Pflanzenreich von *M. Hartmann.* 2., verb. Aufl. 116 S., 61 Abb., 7 Tab. 1951 *(Bd. 1127)*

Grundriß der allgemeinen Mikrobiologie von *W. Schwartz.* 2 Bde.
I: 104 S. 17 Abb. 1949 *(Bd. 1155)*
II: 93 S. 12 Abb. 1949 *(Bd. 1157)*

Symbiose der Tiere mit pflanzlichen Mikroorganismen von *P. Buchner.* 2., verb. und verm. Aufl. 130 S. 121 Abb. 1949 *(Bd. 1128)*

Botanik

Entwicklungsgeschichte des Pflanzenreiches von *H. Heil.* 2. Aufl. 138 S. 94 Abb. 1 Tab. 1950 *(Bd. 1137)*

Morphologie der Pflanzen von *L. Geitler.* 3. Aufl. 126 S. 114 Abb. 1953 *(Bd. 141)*

Pflanzenzüchtung von *H. Kuckuck* 2 Bde.
I: Grundzüge der Pflanzenzüchtung. 3., völlig umgearb. Aufl. 132 S. 22 Abb. 1952 *(Bd. 1134)*
II: Spez. gartenbaul. Pflanzenzüchtung. 178 S., 27 Abb. 1957 *(Bd. 1178/1178a)*

Die Laubhölzer. Kurzgefaßte Beschreibung der in Mitteleuropa gedeihenden Laubbäume und Sträucher. Von *F. W. Neger*† und *E. Münch*†. 3., durchges. Aufl. herausgeg. von *B. Huber.* 143 S. 63 Fig. 7 Tab. 1950 *(Bd. 718)*

Die Nadelhölzer (Koniferen) und übrigen Gymnospermen von *F. W. Neger*† und *E. Münch*†. 4. Aufl. Durchges. und erg. von *B. Huber.* 140 S., 75 Fig., 4 Tab., 3 Ktn. 1952 *(Bd. 355)*

Zoologie

Entwicklungsphysiologie der Tiere von *F. Seidel.* 2 Bde.
I: Ei und Furchung. 126 S., 29 Abb. 1953 *(Bd. 1162)*
II: Körpergrundgestalt und Organbildg. 159 S., 42 Abb. 1953 *(Bd. 1163)*

Das Tierreich.
Fische von *D. Lüdemann.* 130 S., 65 Abb. 1955 *(Bd. 356)*
Insekten von *H. von Lengerken.* 128 S., 58 Abb. 1953 *(Bd. 594)*
Lurche (Chordatiere) von *K. Herter.* 143 S., 129 Abb. 1955 *(Bd. 847)*
Spinnentiere (Trilobitomorphen, Fühlerlose) und Tausendfüßler. Von *A. Kaestner.* 96 S., 55 Abb. 1955 *(Bd. 1161)*
Würmer. Platt-, Hohl-, Schnurwürmer, Komptozoen, Ringelwürmer, Protracheaten, Bärtierchen,

Zungenwürmer. Von *S. Jaeckel.* 114 S., 36 Abb. 1955 *(Bd. 439)*
Weichtiere. Urmollusken, Schnekken, Muscheln, Kopffüßer. Von *S. Jaeckel.* 92 S., 34 Abb. 1954 *(Bd. 440)*
Stachelhäuter. Tentakulaten, Binnenatmer u. Pfeilwürmer. Von *S. Jaeckel.* 100 S., 46 Abb. 1955 *(Bd. 441)*
Schwämme und Hohltiere von *H. J. Hannemann.* 95 S., 80 Abb. 1956 *(Bd. 442)*
Krebse von *H. E. Gruner* und *K. Deckert.* 114 S., 43 Abb. 1956 *(Bd. 443)*
Einzeller, Protozoen von *E. Reichenow.* 115 S., 59 Abb. 1956 *(Bd. 444)*
Vergleichende Physiologie der Tiere von *K. Herter.* 2 Bde. 3. Aufl. der „Tierphysiologie".
I: Stoff- und Energiewechsel. 155 S., 64 Abb. 1950 *(Bd. 972)*
II: Bewegung und Reizerscheinungen. 148 S., 110 Abb. 1950 *(Bd. 973)*

Land- und Forstwirtschaft

Landwirtschaftliche Tierzucht. Die Züchtung und Haltung der landwirtschaftlichen Nutztiere von *H. Vogel.* 139 S., 11 Abb. 1952 *(Bd. 228)*
Kulturtechnische Bodenverbesserungen von *O. Fauser.* 2. Bde. 4., neubearb. Aufl.
I: Allgemeines, Entwässerung. 122 S., 47 Abb. 1947 *(Bd. 691)*
II: Bewässerung, Ödlandkultur, Umlegung. 150 S., 67 Abb. 1949 *(Bd. 692)*
Agrikulturchemie von *K. Scharrer.* 2 Bde.
I: Pflanzenernährung. 143 S. 1953 *(Bd. 329)*
II: Futtermittelkunde. 192 S. 1956. *(Bd. 330/330a)*

Geologie, Mineralogie Kristallographie

Geologie von *F. Lotze.* 176 S., 80 Abb. 1955 *(Bd. 13)*
Mineral- und Erzlagerstättenkunde von *H. Huttenlocher*†. 2 Bde.
I: 128 S., 34 Abb. 1954 *(Bd. 1014)*
II: 156 S., 48 Abb. 1954 *(Bd. 1015/1015a)*
Allgemeine Mineralogie. 9., erw. Aufl. der „Mineralogie" von *R. Brauns*† und *K. F. Chudoba.* 104 S., 107 Fig., 1 Taf., 2 Tab. 1955 *(Bd. 29)*
Spezielle Mineralogie. 9., erw. Aufl. der „Mineralogie" von *R. Brauns*† und *K. F. Chudoba.* 133 S., 105 Fig. 1955 *(Bd. 31)*
Petrographie (Gesteinskunde) von *W. Bruhns*† und *P. Ramdohr.* 4., durchges. Aufl. 104 S., 10 Fig. 1955 *(Bd. 173)*
Kristallographie von *W. Bruhns*† und *P. Ramdohr.* 4. Aufl. 106 S., 163 Abb. 1954 *(Bd. 210)*
Einführung in die Kristalloptik von *E. Buchwald.* 4., verb. Aufl. 138 S., 121 Fig. 1952 *(Bd. 619)*
Lötrohrprobierkunde. Mineraldiagnose mit Lötrohr- und Tüpfelreaktion. Von *M. Henglein.* 3., verb. Aufl. 91 S., 11 Fig. 1949 *(Bd. 483)*

Technik

Graphische Darstellung in Wissenschaft und Technik von *M. Pirani.* 3., verb. Aufl. bearb. von *J. Fischer.* 101 Abb. 1957. In Vorb. *(Bd. 728/728a)*

Elektrotechnik

Grundlagen der allgemeinen Elektrotechnik von *O. Mohr.* 3 Bde.
I: Die drei Feldformen. 96 S., 41 Abb., 6 Taf. 1956. *(Bd. 196)*
II: Die wichtigsten elektr. und phys. Grunderscheinungen. 95 S., 36 Abb., 7 Taf. 1956. *(Bd. 197)*
III: Schaltvorgänge, Widerstandsformen, Meßtechnik. 91 S., 59 Abb., 1 Taf. 1956. *(Bd. 198)*
Die Gleichstrommaschine von *K. Humburg.* 2 Bde. 2., durchges. Aufl.
I: 102 S., 59 Abb. 1956. *(Bd. 257)*
II: 101 S., 38 Abb. 1956. *(Bd. 881)*
Die synchrone Maschine von *K. Humburg.* Neudr. 109 S., 78 Abb. 1951 *(Bd. 1146)*

Induktionsmaschinen von *F. Unger*. 2., erw. Aufl. 142 S., 49 Abb. 1954 *(Bd. 1140)*

Die komplexe Berechnung von Wechselstromschaltungen von *H. H. Meinke*. 2 Aufl. 1957. In Vorb. *(Bd. 1156/1156a)*

Theoretische Grundlagen zur Berechnung der Schaltgeräte von *F. Kesselring*. 3. Aufl. 144 S., 92 Abb. 1950 *(Bd. 711)*

Einführung in die Technik selbsttätiger Regelungen von *W. zur Megede*. 174 S., 86 Abb. 1956 *(Bd. 714/714a)*

Elektromotorische Antriebe (Grundlagen für die Berechnung) von *A. Schwaiger*. 3., neubearb. Aufl. 96 S., 34 Abb. 1952 *(Bd. 827)*

Technische Tabellen und Formeln von *W. Müller*. 4., verb und erw. Aufl. von *E. Schulze*. 152 S., 105 Fig. 1951 *(Bd. 579)*

Überspannungen und Überspannungsschutz von *G. Frühauf*. Durchges. Neudr. 122 S., 98 Abb. 1950 *(Bd. 1132)*

Maschinenbau

Metallkunde von *H. Borchers*. 2 Bde. 3. Aufl.
I: Aufbau der Metalle und Legierungen. 120 S., 90 Abb., 2 Tab. 1956. *(Bd. 432)*
II: Eigenschaften, Grundzüge der Form und Zustandsgebung. 154 S., 100 Abb., 8 Tab. 1957 *(Bd. 433)*

Die Werkstoffe des Maschinenbaues von *H. Thum* und *C. M. von Meysenbug*. 2 Bde.
I: Einführung in die Werkstoffprüfung. 2., neubearb. Aufl. 100 S., 7 Tab., 56 Abb. 1956. *(Bd. 476)*

Dynamik von *W. Müller*. 2 Bde. 2., verb. Aufl.
I: Dynamik des Einzelkörpers. 128 S., 48 Fig. 1952 *(Bd. 902)*
II: Systeme von starren Körpern. 102 S., 41 Fig. 1952 *(Bd. 903)*

Technische Schwingungslehre von *L. Zipperer*. 2 Bde. 2., neubearb. Aufl.
I: Allgemeine Schwingungsgleichungen, einfache Schwinger. 120 S., 101 Abb. 1953 *(Bd. 953)*
II: Torsionsschwingungen in Maschinenanlagen. 102 S., 59 Abb. 1955 *(Bd. 961/961a)*

Werkzeugmaschinen für Metallbearbeitung von *K. P. Matthes*. 4 Bde.
I: 100 S., 27 Abb., 11 Zahlentaf., 1 Tafelanh. 1954 *(Bd. 561)*
II: Fertigungstechnische Grundlagen der neuzeitlichen Metallbearbeitung. 101 S., 30 Abb., 5 Taf. 1955 *(Bd. 562)*

Transformatoren von *W. Schäfer*. 3., überarb. u. erg. Aufl. 130 S., 73 Abb. 1957 *(Bd. 952)*

Das Maschinenzeichnen mit Einführung in das Konstruieren von *W. Tochtermann*. 2 Bde. 4. Aufl.
I: Das Maschinenzeichnen. 156 S., 77 Taf. 1950 *(Bd. 589)*
II: Ausgeführte Konstruktionsbeispiele. 130 S., 58 Taf. 1950 *(Bd. 590)*

Die Maschinenelemente von *E. A. vom Ende*. 3., verb. Aufl., 166 S., 175 Fig., 9 Taf. 1956. *(Bd. 3/3a)*

Maschinen der Eisenhüttenwerke von *L. Engel*. 1957. In Vorb. *(Bd. 583/583a)*

Walzwerke von *H. Sedlaczek*. 2 Bde.
I: Allgem. Verformungslehre, Grundelemente und Hilfseinrichtungen der Walzwerke. 90 Abb. 1957. In Vorb. *(Bd. 580)*
II: Die Walzwerke in Aufbau und Betrieb. 67 Abb. 1957. In Vorb. *(Bd. 581)*

Getriebelehre von *P. Grodzinski*. 2 Bde. 2., neubearb. Aufl.
I: Geometrische Grundlagen. 159 S., 142 Fig. 1953 *(Bd. 1061)*

Gießereitechnik von *H. Jungbluth*. 2 Bde.
I: Eisengießerei. 126 S., 44 Abb. 1951 *(Bd. 1159)*

Die Dampfkessel und Feuerungen einschließlich Hilfseinrichtungen in Theorie, Konstruktion und Berechnung von *W. Marcard*†. 2 Bde. 2. Aufl. Neubearb. von *K. Beck*.
I: Die theoretischen Grundlagen, Wärme, Verbrennung, Wärmeübertragung. 150 S., 42 Abb., 16 Tab. 1951 *(Bd. 9)*
II: Dampfkessel. 147 S., 43 Abb. 1952 *(Bd. 521)*

Dampfturbinen, ihre Wirkungsweise, Berechnung und Konstruktion von *C. Zietemann*. 3 Bde. 3., verb. Aufl.
I: Theorie der Dampfturbinen. 139 S., 48 Abb. 1955 *(Bd. 274)*

II: Die Berechnung der Dampfturbinen und die Konstruktion der Einzelteile. 132 S., 111 Abb. 1956 *(Bd. 715)*
III: Die Regelung der Dampfturbinen, die Bauarten, Turbinen für Sonderzwecke, Kondensationsanlagen. 126 S., 90 Abb. 1956 *(Bd. 716)*
Technische Thermodynamik von *W. Nußelt.* 3 Bde.
I: Grundlagen. 4., verb. Aufl. 144 S., 71 Abb. 1956. *(Bd. 1084)*
II: Theorie der Wärmekraftmaschinen. Neudr. 144 S., 87 Abb., 32 Zahlentaf. 1951 *(Bd. 1151)*
Autogenes Schweißen und Schneiden von *H. Niese.* 5. Aufl. Neubearb. von *A. Küchler.* 136 S., 71 Fig. 1954 *(Bd. 499)*
Die elektrischen Schweißverfahren von *H. Niese.* 2. Aufl. Neubearb. von *H. Dienst.* 136 S., 58 Abb. 1955 *(Bd. 1020)*
Hebezeuge. Entwurf von Winden und Kranen von *G. Tafel.* 2., verb. Aufl. 176 S., 230 Fig. 1954 *(Bd. 414/414a)*

Wasserbau

Wasserkraftanlagen von *A. Ludin* u. Mitarb. v. *W. Borkenstein.* 2 Bde.
I: Planung, Grundlagen und Grundzüge. 124 S., 60 Abb. 1955 *(Bd. 665)*
Verkehrswasserbau von *H. Dehnert.* 3 Bde.
I: Entwurfsgrundlagen, Flußregelungen. 103 S., 52 Abb. 1950 *(Bd. 585)*
II: Flußkanalisierung und Schiffahrtskanäle. 94 S., 60 Abb. 1950 *(Bd. 597)*
III: Schleusen und Hebewerke. 98 S., 70 Abb. 1950 *(Bd. 1152)*
Wehr- und Stauanlagen von *H. Dehnert.* 134 S., 90 Abb. 1952 *(Bd. 965)*
Talsperren von *F. Tölke.* 122 S., 70 Abb. 1953 *(Bd. 1044)*

Hoch- und Tiefbau

Die wichtigsten Baustoffe des Hoch- und Tiefbaus von *O. Graf.* 4., verb. Aufl. 131 S., 63 Abb. 1953 *(Bd. 984)*
Baustoffverarbeitung und Baustellenprüfung des Betons von *A. Kleinlogel.* 2., neubearb. und erw. Aufl. 126 S., 35 Abb. 1951 *(Bd. 978)*
Festigkeitslehre. 2 Bde.
I: Elastizität, Plastizität und Festigkeit der Baustoffe und Bauteile von *W. Gehler*† und *W. Herberg.* Durchges. und erw. Neudr. 159 S., 118 Abb. 1952 *(Bd. 1144)*
II: Formänderung, Platten, Stabilität und Bruchhypothesen von *W. Herberg* und *N. Dimitrov.* 187 S., 94 Abb. 1955 *(Bd. 1145/1145a)*
Grundlagen des Stahlbetonbaus von *A. Troche.* 2., neubearb. und erw. Aufl. 208 S., 75 Abb., 17 Bemessungstaf., 20 Rechenbeisp. 1953 *(Bd. 1078)*
Statik der Baukonstruktionen von *A. Teichmann.* 4 Bde.
I: Grundlagen. 100 S., 51 Abb., 8 Formeltaf. 1956 *(Bd. 119)*
II: Statisch bestimmte Stabwerke. 107 S., 52 Abb., 7 Taf. 1957 *(Bd. 120)*
Fenster, Türen, Tore aus Holz und Metall. Eine Anleitung zu ihrer guten Gestaltung, wirtschaftlichen Bemessung und handwerksgerechten Konstruktion von *W. Wickop.* 4., überarb. und erg. Aufl. 155 S., 95 Abb. 1955 *(Bd. 1092)*
Heizung und Lüftung von *J. Körting*† und *W. Körting.* 2 Bde. 8., neubearb. Aufl.
I: Das Wesen und die Berechnung der Heizungs- und Lüftungsanlagen. 140 S., 29 Abb., 18 Zahlentaf. 1951 *(Bd. 342)*
II: Die Ausführung der Heizungs- und Lüftunganlagen. 152 S., 165 Abb., 7 Zahlentaf. 1954 *(Bd. 343)*
Industrielle Kraft- und Wärmewirtschaft von *F. A. F. Schmidt* u. *A. Beckers.* 167 S., 69 Abb. 1957 *(Bd. 318/318a)*

SAMMLUNG GÖSCHEN / BANDNUMMERNFOLGE

1088 Preller, Geschichte Englands II
1092 Wickop, Fenster, Türen, Tore
1094 Hernried, System. Modulation
1099 Hoheisel, Integralgleichungen
1105 Hartung, Dt. Geschichte im Zeitalter der Reformation
1108 de Boor-Wisniewski, Mittelhochdeutsche Grammatik
1109 Knopp, Elemente der Funktionentheorie
1111 Naumann-Betz, Althochdeutsches Elementarbuch
1113/1113a Strubecker, Differentialgeometrie I
1114 Schubel, Englische Literaturgeschichte I
1115 Ranke, Altnord. Elementarbuch
1116 Schubel, Englische Literaturgeschichte II
1117 Haller, Eintritt der Germanen in die Geschichte
1121 Naumann, Dt. Dichten und Denken
1122 Feist, Sprechen u. Sprachpflege
1123/1123a Bechert-Gerthsen, Atomphysik III
1124 Meissner, Englische Literaturgeschichte III
1125 Lehnert, Altengl. Elementarbuch
1127 Hartmann, Geschlecht und Geschlechtsbestimmung im Tier- und Pflanzenreich
1128 Buchner, Symbiose der Tiere mit pflanzl. Mikroorganismen
1130 Dibelius, Jesus
1131 Scholz-Schoeneberg, Einführung in die Zahlentheorie
1132 Frühauf, Überspannungen und Überspannungsschutz
1134 Kuckuck, Pflanzenzüchtung I
1135 Lehnert, Beowulf
1136 Meissner, Englische Literaturgeschichte IV
1137 Heil, Entwicklungsgeschichte des Pflanzenreichs
1138 Hämmerling, Fortpflanzung im Tier- und Pflanzenreich
1140 Unger, Induktionsmaschinen
1141 Koller, Hormone
1142 Meissner-Lehnert, Shakespeare
1144 Gehler-Herberg, Festigkeitslehre I
1145/1145a Herberg-Dimitrov, - II
1146 Humburg, Synchrone Maschine
1147 v. Waltershausen, Kunst des Dirigierens
1148 Pepping, Der polyphone Satz I
1151 Nußelt, Technische Thermodynamik II
1152 Dehnert, Verkehrswasserbau III
1153 Mellerowicz, Allgem. Betriebswirtschaftslehre II
1154 Mellerowicz, — III
1155 Schwartz, Mikrobiologie I
1156/1156a Meinke, Komplexe Berechn. der Wechselstromschaltungen
1157 Schwartz, Mikrobiologie II
1158 Mayrhofer, Sanskrit-Grammatik
1159 Jungbluth, Gießereitechnik I
1160 Dibelius-Kümmel, Paulus
1161 Kaestner, Spinnentiere
1162 Seidel, Entwicklungsphysiolog. der Tiere I
1163 Seidel, — II
1164/1164a Pepping, Der polyphone Satz II
1165/1165a Bechert-Gerthsen, Atomphysik IV
1169 Paulsen, Allgemeine Volkswirtschaftslehre I
1170 Paulsen, — II
1178/1178a Kuckuck, Pflanzenzüchtung II
1179/1179a Strubecker, Diff. Geometrie II
1180/1180a Strubecker, — III

AUTORENREGISTER

Kolibri 360 GmbH
Ferdinand-Jühlke-Straße 7
99095 Erfurt, Deutschland
produktsicherheit@kolibri360.de